虚拟现实视景仿真技术实践研究

杜 聪 任利剑 闻 艺 主编

汕头大学出版社

图书在版编目（CIP）数据

虚拟现实视景仿真技术实践研究 / 杜聪，任利剑，
闻艺主编. -- 汕头 ：汕头大学出版社，2023.8
ISBN 978-7-5658-5120-9

Ⅰ．①虚… Ⅱ．①杜… ②任… ③闻… Ⅲ．①视景模
拟-可视化仿真-研究 Ⅳ．①TP391.9

中国国家版本馆CIP数据核字(2023)第155113号

虚拟现实视景仿真技术实践研究

XUNI XIANSHI SHIJING FANGZHEN JISHU SHIIJAN YANJIU

主　　编：杜　聪　任利剑　闻　艺
责任编辑：郭　炜
责任技编：黄东生
封面设计：钟晓图
出版发行：汕头大学出版社
　　　　　广东省汕头市大学路 243 号汕头大学校园内　邮政编码：515063
电　　话：0754-82904613
印　　刷：廊坊市海涛印刷有限公司
开　　本：710 mm×1000 mm　1/16
印　　张：10.75
字　　数：200 千字
版　　次：2023 年 8 月第 1 版
印　　次：2024 年 1 月第 1 次印刷
定　　价：46.00 元
ISBN 978-7-5658-5120-9

前　言

虚拟现实是新兴的交叉科学技术。我国一批高等院校、科研院所，以及其他许多应用部门和单位的科研人员进行着各具背景、各有特色的研究工作，在虚拟现实理论研究、技术创新、系统开发和应用推广方面都取得明显成绩，我国在这一科技领域进入了发展的新阶段。由于虚拟现实技术的不可替代性，以及在经济、社会、军事领域越来越大的应用需求，人们对虚拟现实技术的研究日益重视，虚拟现实技术也取得了巨大进展。

随着计算机技术与人类生活的日益密切，人们越来越希望能够以更方便、更直观的方式或者说以人与人交流的方式与计算机进行交互。虚拟现实技术就是基于上述思想而产生的，它将用户和计算机视为一个整体，用户可直接进入到信息环境中去与计算机进行直观、自然的交互。虚拟现实技术主要涉及三个研究领域：通过计算机图形方式建立实时的三维视觉效果；建立对虚拟世界的观察界面；使用虚拟现实技术加强在科学计算技术可视化等方面的应用。虚拟现实视景仿真技术就是计算机生成的随时间变化的三维图形技术，它是虚拟现实技术的基础支撑技术，其核心是三维图形引擎技术。视景仿真技术使得人机交互方式发生了质的变化。计算机图形学技术的发展，使得科学、准确、直观地描述信息化世界成为可能，开展虚拟现实视景仿真技术的研究会越来越成为人们关注的焦点。

本书介绍的技术可用于视景仿真系统的研究与开发中，可较好地提高视景仿真系统的真实感及实时性，方便用户快速搭建视景仿真应用系统，对从事虚拟现实视景仿真技术的研究人员和科技工作者具有积极的、重要的应用参考价值。

本书在写作过程中参阅了大量相关文献与资料，引用了专家与学者的相关研究成果与观点，在此表示诚挚的谢意。因写作水平有限，书中不免有疏漏和不足之处，恳请广大读者批评指正。

作　者

2022 年 5 月

目　录

第一章　概　论 ……………………………………………………… 1

　第一节　虚拟现实视景仿真技术研究的意义 ……………………… 1

　第二节　虚拟现实技术的现状和发展 ……………………………… 5

第二章　计算机三维图形学技术 …………………………………… 9

　第一节　三维空间中的矩阵及四元数 ……………………………… 9

　第二节　着色流水线 ………………………………………………… 13

　第三节　纹理映射 …………………………………………………… 16

　第四节　隐面消除 …………………………………………………… 25

　第五节　明暗处理与阴影 …………………………………………… 28

　第六节　计算机图形学中的常用模型 ……………………………… 31

第三章　虚拟现实视景仿真技术 …………………………………… 34

　第一节　虚拟视景仿真系统的组成 ………………………………… 34

　第二节　实时视景的生成和显示 …………………………………… 36

　第三节　虚拟战场的建模与绘制技术 ……………………………… 40

　第四节　虚拟现实视景仿真技术的应用 …………………………… 47

第四章　虚拟视景系统中的仿真建模技术 ………………………… 50

　第一节　仿真建模中的常见技术 …………………………………… 50

　第二节　自然场景常用建模方法 …………………………………… 68

　第三节　虚拟人的仿真技术 ………………………………………… 73

第四节　基于 OpenGL 的电磁信号可视化技术 ……………… 81

第五节　交互式电子手册技术 …………………………………… 89

第五章　虚拟自然景物仿真技术 …………………………………… 93

第一节　虚拟自然景物仿真发展现状 …………………………… 93

第二节　虚拟场景中自然景物仿真实现方法 ………………… 97

第三节　常见特殊效果的仿真实现方法 ……………………… 101

第四节　Vega 中常见的特殊视觉效果 ………………………… 107

第六章　粒子系统 API 及参数化编辑系统设计 ………………… 109

第一节　粒子系统的描述和实现 ……………………………… 110

第二节　粒子系统应用程序接口的设计 ……………………… 122

第三节　参数化粒子编辑系统的设计与实现 ………………… 130

第七章　三维数字地形动态生成及修改技术 …………………… 139

第一节　三维地形浏览系统设计与实现 ……………………… 139

第二节　三维数字地形的动态修改技术 ……………………… 148

第八章　虚拟视景仿真系统中的碰撞检测技术 ………………… 154

第一节　碰撞检测理论 ………………………………………… 155

第二节　物体与地形及目标的碰撞检测技术 ………………… 160

参考文献 …………………………………………………………… 163

第一章 概 论

第一节 虚拟现实视景仿真技术研究的意义

虚拟现实（Virtual Reality，VR），又称为"灵境技术"，是一种可以创建和体验虚拟世界（Virtual World，VW）的计算机系统。虚拟世界是全体虚拟环境（Virtual Environment，VE）或给定仿真对象的全体。虚拟环境是由计算机生成的，通过视、听、触觉等作用于用户，使之产生身临其境的感觉的交互式视景仿真。虚拟现实技术被认为是 21 世纪可能使社会发生巨大改变的关键技术之一。虚拟现实技术有三个最基本特征，即 Immersion、Interaction、Imagination（沉浸、交互、构思）。虚拟现实视景仿真技术（Scene Simulation Technology，SST）是计算机生成的随时间变化的三维图形生成技术，它是虚拟现实技术的基础支撑技术，其核心是三维图形引擎技术。虚拟现实视景仿真技术正是虚拟现实技术中最为前沿的应用领域，随着各项技术的发展和计算机图形处理功能的增强，视景仿真技术突破了纯数字化的交互方式，实现了以图文并茂、生动形象的，使人有身临其境之感的和谐的人机交互环境。

数字仿真技术出现伊始，仿真结果仅仅只能以字符方式输出，这是一种最基本的输出形式。随着计算机图形、图像技术的发展，随后就出现了可视化仿真技术，并得到了比较广泛的应用。

可视化仿真就是将数据结果转换为图形或动画形式，使仿真结果可视化并具有直观性。可视化仿真技术的目标是把由数值计算或实验获得的大量数据按照其自身的物理背景进行有机的结合，用图像的方式来展示数据所表现的内容和相互关系，便于把握过程的整体演进，发现其内在规律，丰富科学研究的途径，缩短研究周期。

多媒体仿真通过将仿真所产生的信息和数据转换成为可被感受的场景、图示和过程，它充分利用文本、图形、二维/三维动画、影像和声音等多媒体手段，将可视化、临场感、交互、激发想象结合到一起产生一种沉浸感，使仿真中的人机交互方式向自然更靠近了一步。多媒体仿真技术是指计算机综合处理各种媒体信息，包括文字、图形、动画、图像、声音、视频等，在各种信息间建立逻辑连接，并集成一个有交互功能的多媒体系统。多媒体的本质不仅是信息的集成，而且也是设备和软件的集成，并通过逻辑连接形成一个有机整体，又可实现交互控制，所以说数字化、集成性和交互性是多媒体的核心。

虚拟现实视景仿真技术是计算机仿真技术的重要分支，是计算机技术、图形图像处理与生成技术、多媒体技术、信息合成技术、显示技术等诸多高新技术的综合运用，其组成部分主要包括仿真建模技术、动画仿真技术及实时视景生成技术等。虚拟现实系统提供了一种崭新的人机界面，而界面的自然程度是由视景系统的浸入程度与交互程度所决定的。视景仿真是仿真动向的高级阶段，也是虚拟现实技术的最重要的表现形式，它是使用户产生身临其境感觉的交互式仿真环境，实现了用户与该环境直接进行自然交互。

虚拟现实技术则是在综合计算机图形技术、计算机仿真技术、传感技术、显示技术等多种学科技术的基础上发展起来的，是20世纪90年代计算机领域的最新技术之一。虚拟现实技术是指计算机产生的三维交互环境，在使用中用户"投入"到这个环境中去，并在人工合成的环境里获得"进入角色"

的体验。虚拟现实技术的主要内容是，实时三维图形生成技术、多传感器交互技术，以及高分辨显示技术。它以仿真的形式给用户创造一个反映实体对象变化与相互作用的三维图形环境，通过头盔显示器、数据手套等辅助传感设备，使人可以"进入"这种虚拟的环境直接观察事物的内在变化，并与事物发生相互作用，给人一种身临其境的真实感。虚拟现实技术始终要解决的两个关键问题就是真实感和实时性的问题。随着计算机技术和计算机图形技术的发展，要更好地建立一个完善的虚拟世界及环境，真实感和实时性问题也是一个永恒的话题。

　　虚拟现实的主要研究内容如下：

　　（1）动态环境建模技术：虚拟环境的建立是虚拟现实技术的核心内容，动态环境建模技术的目的是获取实际环境的三维数据，并根据应用的需要，利用获取的三维数据建立相应的虚拟环境模型。三维数据的获取可以采用CAD技术（有规则的环境），而更多的情况则需要采用非接触式的视觉建模技术，两者的有机结合可以有效地提高数据获取的效率。

　　（2）实时三维图形生成技术：三维图形生成技术的核心是计算机三维图形技术，而这里的关键是如何实现"实时"生成。

　　（3）立体显示和传感器技术：虚拟现实技术的交互功能依赖于立体显示和传感技术的发展。常用的立体显示和传感器设备有头盔式三维显示器、数据手套、数据衣及力觉、触觉传感装置等。

　　（4）应用系统开发工具：虚拟现实技术应用的关键是寻找合适的场合和对象，即如何发挥想象力和创造性。选择适当的应用开发工具以大幅度地提高生产率，减轻劳动强度，提高产品质量。虚拟现实技术的开发工具，如虚拟现实技术系统开发平台、分布式虚拟现实技术系统等。

　　（5）系统集成技术：由于虚拟现实技术中包括大量的感知信息和模型，

因此系统的集成技术起着至关重要的作用。集成技术包括信息的同步技术、模型的标定技术、数据转换技术、数据管理模型、识别与合成技术等。

在虚拟现实技术系统的研究中只有各种交互设备还不够，必须提供基本的软件支撑环境，使用户能方便地构造虚拟环境并与虚拟环境进行高级交互，软件支撑环境必须提供足够强的灵活性及可扩充性。虚拟现实视景仿真技术是虚拟现实技术中最重要的一部分，它与虚拟现实技术唯一的区别就是交互方式。虚拟现实视景仿真系统是虚拟现实系统的软件支撑环境，虚拟现实视景仿真系统通过计算机图形界面人机交互方式建立实时的三维视觉效果，建立对虚拟世界的观察和控制界面，提供各种仿真效果。虚拟现实技术是通过头盔显示器、数据手套等多传感器辅助设备进行交互，而虚拟现实视景仿真技术主要通过显示器、键盘和鼠标完成交互。虚拟视景仿真系统模拟人的视觉和听觉将所能观察到或希望观察到的事物（景物）进行抽象，并建立基于场景空间下的坐标系，对事物用多边形面元加以描述，从而形成三维场景数据库；依此为基础，根据观察点所在的位置与姿态，通过坐标变换和投影变换将计算机生成的景象显示在某种二维介质（如 CRT 显示器）上。

目前对虚拟现实视景仿真系统平台的研究主要集中在两个方面。一是建立一种通用的虚拟现实视景仿真系统平台。该平台提供一个庞大的函数库，有效地集成目前开发虚拟现实视景仿真系统应用的各种技术，包括虚拟环境的生成和渲染、人机交互的实现机制、各种设备的使用等，可以让不懂虚拟视景仿真的非专业人士也能够开发高水平的虚拟仿真应用。另一方面的研究集中在虚拟视景仿真中的某些技术细节部分，如场景的高效管理、虚拟实体的物理建模、虚拟角色、立体显示的实现等，使仿真效果更加逼真，是虚拟现实视景仿真系统平台的有力补充。只有将两方面的研究成果结合起来，才能构造出强大的虚拟仿真引擎。

另外，由于在开发虚拟现实视景仿真系统应用中要涉及许多算法和专业知识，欲快速开发虚拟现实视景仿真系统是有一定困难的，因此一个封装了硬件操作和图形算法、简单易用、功能丰富的虚拟现实视景仿真系统开发环境，对于应用程序开发人员是必需的，这个环境就是虚拟现实视景仿真系统平台。虚拟现实视景仿真系统平台也可以称之为"支持应用的底层函数库"或者说是对特定应用的一种抽象，在虚拟仿真系统中占有核心地位。它集成了三维图形实时渲染、三维声音合成、立体显示、动态环境建模、物理引擎等等，通过整理和封装，形成一个面向虚拟仿真应用系统开发的函数集，使得应用开发人员不用关心底层技术的实现细节，就能开发出高水平的虚拟仿真应用。总之虚拟现实视景仿真系统平台需要解决场景构造、对象处理、场景渲染、事件处理、碰撞检测等各种关键问题，这些问题解决得好坏及系统集成的好坏都将直接决定所开发出的虚拟仿真系统的性能。

第二节 虚拟现实技术的现状和发展

一、当前虚拟现实技术的研究和应用现状

(一) 虚拟现实技术的国内外研究现状

虚拟现实技术是利用电脑模拟产生一个三维空间的虚拟世界，提供使用者关于视觉、听觉、触觉等感官的模拟，让使用者如同身临其境一般，可以及时、没有限制地观察三维空间内的事物。使用者进行位置移动时，电脑可以立即进行复杂的运算，将精确的3D世界影像传回产生临场感。这一技术最早起源于美国，从20世纪出现至今，虚拟现实技术一直在不断发展。现在对

虚拟现实技术的研究主要集中在用户感知、用户界面、后台软件和硬件配置4方面。

人们对虚拟现实技术的要求主要集中在"实感体验"上，所以现阶段的动态环境建模技术和三维图形生成技术已经得到了较大的发展，已经可以构建一个较为逼真的多维度实感空间。另外，为了提升用户的实感体验，服务手段也在不断提升中。服务手段的提升主要集中在方便用户操作和提升工作效率方面，但是受成本和使用费用的限制，我国虚拟现实技术发展水平和国外还存在一定的差距。我国一些高校已经积极投身虚拟技术研究中，并且出现了一定的研究成果。

（二）虚拟现实技术的应用现状

虚拟现实技术在现实中出现最广泛的场面就是娱乐方面，3D 游戏是虚拟现实技术应用最广泛的方面。自计算机技术产生以来，游戏就开始朝着虚拟现实的方向发展，游戏公司在制作游戏时更加注重游戏的逼真度和真实感，因此虚拟现实技术必然会同 PC 游戏和网络游戏一起成为游戏市场的主流；由于观众的审美需求不断增长，影视特效在影视制作中发挥着越来越大的作用，各大影视公司也纷纷将虚拟现实技术应用到影视制作中，虚拟现实技术在大型游乐场项目介绍中应用最为广泛，并且起到了极大的广告作用。虚拟现实技术为人们开创出了体验现实的新方法，人们可以不受环境的限制体验不同的工作；另外，虚拟现实技术也能够简化抽象思维，帮助人们理解。例如，虚拟现实技术在军事上更可以模拟战场、跟踪"敌军"，制造"武器"。总之，虚拟现实技术的应用将会不知不觉地改变人们的生活方式和观念。

二、虚拟现实技术在未来的发展趋势

当前虚拟现实技术遇到的发展难题主要在建模和实时绘制上。由于技术要求，虚拟现实对建模水平要求较高，同时场景绘制要求尽力逼真、努力还原，这也就在一定程度上增加了场景构建的时间和难度。同时，由于机器本身的限制，实时效果无法达到预期，用户在使用时很容易产生不适感，这一问题的解决将会推动虚拟现实技术在实景交互中体验效果，给用户更加逼真的使用感受。

根据市场需求，虚拟现实技术在未来的发展将会沿着"低成本、高性能"的方向进行。为了实现高性能的需求，则需要从硬件和软件两方面提高虚拟现实技术的应用程度和传播广泛性。特别是未来虚拟现实技术要向着动态环境模拟建造方向发展，硬件技术就成了阻碍虚拟现实技术发展的最大障碍，这些障碍主要体现在实时三维图像展示和智能化的人机交互开发上，在未来应用上，虚拟现实技术将会在现有基础上不断拓展应用领域。除了现有的娱乐、学习方面，虚拟现实技术有望进入公共服务行业和社交方面，人们可以通过虚拟现实技术实现日常交流、日常学习和休闲娱乐，医疗、教育、军事、工业也会出现虚拟现实技术的身影。并且随着技术的普及虚拟现实技术的价格也会随之降低，受众将会不断扩大；甚至技术成本也会得到一定的降低，虚拟现实技术将会得到更大的推广。随着虚拟现实技术的不断完备，"虚拟现实商业模式"将成为可能。现阶段的虚拟现实商业模式主要是以硬件设备加后期平台服务为主，虚拟现实设备仍旧是市场的主力，但是虚拟现实技术的独特性质也会吸引国内大型厂商研发投入，国产虚拟现实设备将有望进入市场。未来的虚拟现实商业模式必将是集虚拟现实设备零件、虚拟场景内容、虚拟现实设备应用以及成套的后续服务为一体的成熟体系，并会在发展中不断完善虚拟现实产业链。

　　但是，在调查市场的过程中也发现，虚拟现实技术的发展其实是一把双刃剑，其在社会影响、人类心理发展和社会伦理问题研究等方面将会造成影响。因此，相关研究者也要不断重视虚拟现实技术在发展中的负面影响，提前预测可能发生的风险，合理规避，以使虚拟现实技术长久发展。

第二章　计算机三维图形学技术

计算机图形学是自产生以来发展迅速、应用广泛的新兴学科，是计算机科学最活跃的分支之一，如何在计算机中表示图形，以及利用计算机进行图形的计算、处理和显示的相关原理与算法，构成了其主要研究内容。这些内容主要包括图形硬件、图形标准、图形交互技术、光栅图形生成算法、曲线曲面造型、实体造型、真实感图形计算与显示算法，以及科学计算可视化、计算机动画、自然景物仿真、虚拟现实等。虚拟现实视景仿真技术中的许多方法都是从计算机图形学发展而来的，计算机图形学已经在计算机辅助设计、计算机艺术、娱乐、教学与培训、计算可视化、图形化用户接口等方面得到了广泛的应用，所以计算机三维图形学在虚拟视景技术中的重要性是不言而喻的。

第一节　三维空间中的矩阵及四元数

一、三维空间中的矩阵

矩阵运算是在三维空间里进行位置的平移、旋转和缩放操作的基本手段。在计算机图形学中，这三种变换是最经常采用的基本变换，为了使用同样的方式来处理变换并实现变换间的复合，引入了齐次坐标系的概念，在齐次坐标系中增加了空间的维度。这样本来通过加法实现的平移变换也能以乘法形式实现，计算机图形学中的几种基本变换也就有了统一的形式。这三种基本变换都采用4×4的矩阵变换。

将一个点 $(x,\ y,\ z)$ 平移到 $(x,\ y,\ z)$，其变换为：

$$(x',\ y',\ z',\ 1) = (x,\ y,\ z,\ 1) = \begin{vmatrix} 1 & 0 & 0 & 0 \\ 0 & 1 & 0 & 0 \\ 0 & 0 & 1 & 0 \\ T_x & T_y & T_x & 1 \end{vmatrix} \tag{2.1}$$

其中，T_x，T_y 和 T_x 分别为沿 X 轴、y 轴、z 轴平移的距离。

将一个点 $(x,\ y,\ z)$ 分别绕 $x,\ y,\ z$ 轴旋转 θ 角度（θ>0，表示从该轴的正向朝原点看去，旋转方向为顺时针；反之为逆时针）到 $(x',\ y',\ z')$，其变换分别为：

$$(x',\ y',\ z',\ 1) = (x,\ y,\ z,\ 1) = \begin{vmatrix} 1 & 0 & 0 & 0 \\ 0 & cos\theta & sin\theta & 0 \\ 0 & -sin\theta & cos\theta & 0 \\ 0 & 0 & 0 & 1 \end{vmatrix} \tag{2.2}$$

$$(x',\ y',\ z',\ 1) = (x,\ y,\ z,\ 1) = \begin{vmatrix} cos\theta & 0 & -sin\theta & 0 \\ 0 & 1 & 0 & 0 \\ sin\theta & 0 & cos\theta & 0 \\ 0 & 0 & 0 & 1 \end{vmatrix} \tag{2.3}$$

$$(x',\ y',\ z',\ 1) = (x,\ y,\ z,\ 1) = \begin{vmatrix} cos\theta & sin\theta & 0 & 0 \\ -sin\theta & cos\theta & 0 & 0 \\ 0 & 0 & 1 & 0 \\ 0 & 0 & 0 & 1 \end{vmatrix} \tag{2.4}$$

将一个点 $(x,\ y,\ z)$ 以原点为中心缩放到 $(x',\ y',\ z')$，其变换为：

$$(x', y', z', 1) = (x, y, z, 1) = \begin{vmatrix} S_x & 0 & 0 & 0 \\ 0 & S_y & 0 & 0 \\ 0 & 0 & S_z & 0 \\ 0 & 0 & 0 & 1 \end{vmatrix} \quad (2.5)$$

其中，S_x，S_y 和 S_z 分别为在 x 轴、y 轴、Z 轴方向上缩放的系数。

通过使用以上几种基本变换矩阵的连乘，可以得到任意一组平移、旋转或缩放操作的复合变换矩阵。

二、三维空间中的四元数

四元数为哈密顿于 1843 年所提出，四元数是由一个实部和三个虚部构成的，公式表示为 $q = s + xi + yi + zk = (s, v)$，为一个标量 s 和一个矢量 $v = [x \quad y \quad z]$ 的组合，其中运算法则为：

$$i^2 = j^2 = k^2 = ijk = -1, \quad ij = k, \quad ji = -k \quad (2.6)$$

$$mq = (ms, mv) \quad (2.7)$$

$$q + q' = (s + s', v + v') \quad (2.8)$$

$$qq' = (ss' - v \cdot v \times v' + sv + sv') \quad (2.9)$$

这里 x，y，z∈R，m 为系数。

共轭四元数为：

$$\bar{q} = (s, -v) \quad (2.10)$$

四元数的大小为：

$$\bar{q}q = s^2 + | v^2 | = q^2 \quad (2.11)$$

如果 q 的绝对值为 1，则被称为单位四元数。

在三维空间变换中，通常会碰到围绕某个轴旋转的问题，考虑矢量 r 围

绕轴 n 旋转 θ 角度形成矢量 R_r 的问题。

将 r 分解为与 n 平行的部分 r 和与 n 垂直的部分 r 前一部分在旋转后保持不变，后一部分从 n 与 r 组成的平面内移动到 n 与 R_r 组成的平面内，即 $R_{r\perp}$ 其中：

$$r// = (n \cdot r)n \qquad\qquad (2.12)$$

$$r\perp = r - (n \cdot r)n \qquad\qquad (2.13)$$

在与所组成的平面内建立一个垂直于的矢量记为：

$$v = n \times r\perp = n \times r \qquad\qquad (2.14)$$

从而有：

$$R_{r\perp} = (cos\theta)r_\perp + (sin\theta)v \qquad\qquad (2.15)$$

因此：

$$R_r = r// + R_{r\perp} = r// + (cos\theta)r\perp + (sin\theta)v =$$
$$(n \cdot r)n + (cos\theta)r_\perp + (sin\theta)v =$$
$$(cos\theta)r + (1 - cos\theta)n(n \cdot r) + (sin\theta)n \times r \qquad (2.16)$$

令 n 的大小为 1，定义单位四元数 $q = (s, v) = (cos\theta, nsin\theta)$，并将矢量 r 定义为一个四元数 $p = (0, r)$，则操作：

$$R_q(p) = qp\bar{q} = (0, (s^2 - v \cdot v)r + 2v(v \cdot r) + 2s(v \times r)) =$$
$$(0, (cos^2\theta - sin^2\theta)r + 2sin^2\theta n(n \cdot r) + 2cos\theta sin\theta(n \times r)) =$$
$$(0, rcos2\theta + (1 - cos2\theta)n(n \cdot r) + sin2\theta(n \times r)) \qquad (2.17)$$

对比式（2.17）和式（2.16），可以得出结论：定义四元数 $p = (0, r)$ 和单位四元数 $q = (cos(\theta/2), nsin(\theta/2))$，则进行操作 $R_q(p) = qp\bar{q} = (0, r')$ 后，r' 表示将矢量 r 围绕轴 n 旋转 θ 后的矢量。

第二节　着色流水线

在三维图形应用程序中，将三维空间的点转换到输出设备平面上的过程就是观察操作。

生成三维视图的过程和拍摄一张照片类似，首先确定照相机方向、如何绕视线旋转以确定相片的上方向，按下快门后，景物按照相机的"窗口"（镜头）来裁剪，光线从可视表面上投影到胶片上，计算的过程比照相有更大的灵活性和自由。上述流水线说明了一个三维顶点如何转换为屏幕上的点的过程，称为着色流水线。

一、世界变换

在建立三维实体的数学模型时，通常以实体的某一点为坐标原点，比如一个球体，很自然就用球心作原点，这样构成的坐标系称为本地坐标系。实体总是位于某个场景中，而场景采用世界坐标系。所有模型必须变换到这个共同的空间里，以定义它们之间的相对空间关系。因此需要把实体的本地坐标变换为世界坐标，这个变换被称为世界变换。

坐标变换通过一个4×4的矩阵来实现，对于世界变换，只要给出实体在场景中的位置信息，就可以通过一系列坐标变换来实现。具体的计算步骤如下：

（1）首先把实体放置在世界坐标系原点，使两个坐标系重合；

（2）在世界空间中，对实体进行平行移动，得到其对应的平移变换阵 T_t；

（3）把平移后的实体沿自身的 Z 轴旋转一个角度，得到对应的旋转变换

阵 T_z ;

（4）把实体沿自身的 Y 轴旋转一个角度，得到变换阵 T_y ；

（5）把实体沿自身的 X 轴旋转一个角度，得到变换阵 T_x ；

（6）最后对实体进行缩放，得到变换阵 T_s ；

（7）最终的世界变换矩阵 $T_w = T_s T_x T_y T_z T_t$ 。

实体的运动可以通过不断改变世界变换矩阵来实现。

二、视角变换

实体确定后，接下来要确定观察者在世界坐标系中的方位，换句话说，就是在世界坐标系中如何放置摄像机。观察者（摄像机）所看到的景象，就是窗口需要显示的内容。

确定观察者需要三个量：

（1）观察者的点坐标；

（2）视线方向，为一个矢量；

（3）上方向，就是观察者的头顶方向，用一个矢量表示。

以上三个变量确定后，以观察者为原点，视线为 Z 轴，上方向或它的一个分量为 Y 轴（ X 轴左手法则或右手法则得出），构成了视角坐标系。需要把实体从世界空间转换到视角空间，这个坐标系变换被称为视角变换。

与世界变换相比，视角变换矩阵的获取要容易得多，只需调用一个函数即可，其输入参数就是决定观察者的那三个量。

三、投影变换

实体转换到视角空间后，还要经过投影变换，三维的实体才能显示在二维的计算机屏幕上。投影变换的目的在于避免渲染位于视景体之外的东西。

　　将三维物体投影到二维的观察平面上有两种基本的投影方式：平行投影和透视投影。在平行投影中，坐标位置沿平行线变换到观察平面上，保持物体的有关比例不变，它用来在三维图形中产生等比例图画，例如三维造型的三视图；透视投影不保持直线之间的相对尺寸，物体沿收敛于某一点的直线变换到观察平面上，物体的投影视图由计算投影线与观察平面的交点得到，透视投影使人从二维图像中感知深度，生成真实感视图，对于同样大小的物体，离投影平面较远的物体的投影图像比近的物体的图像要小。

　　在虚拟现实视景仿真系统和计算机三维游戏中一般采用的是透视投影变换，此时在视角空间中，视景体是一个以视线为轴心的四棱台。想象一下你处在一个伸手不见五指的房间里，面前有一扇窗户，你可以透过窗户看到各种景物。窗户就是棱台的前裁剪平面，天空、远山等背景是后裁剪平面，其间的可视范围是景深。投影变换把位于可视棱台内的景物投影到前裁剪平面，由于采用透视投影，距离观察者远的对象会变小，从而更具有真实感。前裁剪平面被映射到程序窗口，最终形成了在屏幕上看到的画面。

　　透视投影变换由四个量决定：

　　（1）前裁剪平面的宽度 w ；

　　（2）前裁剪平面的高度 h ；

　　（3）前裁剪平面到原点的距离 z_1 ；

　　（4）后裁剪平面到原点的距离 z_2 。

　　由于 w 、h 用起来不是很直观，因此实际应用中，常用 fou 和 $aspect$ 代替 w 、h ，其中 fou 是 Y 轴方向上的可视角度，通常取 $\pi/4 \sim \pi/2$ ；$aspect$ 是前裁剪平面的高度与宽度之比。由三角函数定义，可知 $h = 2z_1 tan(fou/2)$ ，$w = h/aspect$ 。用这四个量来调用相应函数即可获得投影变换矩阵。

　　得到三个变换矩阵后，调用相应的方法把它们设置到渲染环境中。总之，世界变换决定实体的位置，视角变换决定观察者的位置，投影变换决定观察者的可视区域。

第三节　纹理映射

通过纹理映射，不仅能够使渲染的多边形看起来更真实，还能模拟出非动态的照明效果，因此纹理映射成为三维图形处理中非常重要的一部分。在虚拟现实视景仿真系统平台中，引入了纹理坐标来定位与多边形像素对应的纹理像素，纹理坐标系也是直角坐标系。虚拟现实视景仿真系统平台中用到的主要是仿射纹理映射和透视纹理映射。仿射纹理映射通常意味着丢弃 3D 信息，而执行简单的 2D 映射。透视纹理映射则考虑了 3D 多边形上定义的 Z 坐标，即在 3D 空间中发生的透视变形，因此这种纹理映射更接近人的视觉效果。

一、纹理坐标矩阵

用 (U, V) 表示一个纹理像素在二维纹理空间中的坐标，通常这种纹理空间都是矩形，对象空间到纹理空间的矩阵映射表示如下：

$$Mot = \begin{vmatrix} U_x & V_x & W_x \\ U_y & V_y & W_y \\ U_z & V_z & W_z \end{vmatrix} \tag{2.18}$$

在这个矩阵中，U、V 矢量就是与纹理的 U、V 轴平行的矢量。W 矢量则是从纹理面指向外，并与多边形法矢量平行的矢量。可以把这个矩阵看作是对纹理 U、V 轴而言在纹理面上的旋转矩阵，纹理面与多边形面有着相同的原点。当然如果纹理面原点放在多边形上的任意点，还需要一个平移分量。

二、屏幕坐标到纹理坐标

在视空间中平面方程以下式给定：

$$A \times x + B \times y + C \times z + D = 0 \qquad (2.19)$$

透视方程把视空间中顶点（x，y，z）映射到屏幕空间上的点为（S_x，Sy）（焦距为 1）：

$$S_x = \frac{x}{z}, \ S_y = \frac{y}{z} \qquad (2.20)$$

将式（2.20）代入式（2.19），再在两边同时除以（$-Dz$），可得到：

$$\frac{A \times S_x}{-D} + \frac{B \times S_y}{-D} + \frac{C}{-D} = \frac{1}{z} \qquad (2.21)$$

式（2.21）说明了在屏幕空间中纹理映射是线性的，与 $1/z$ 成比例。这就是透视修正纹理映射所要表达的全部含义。

为简化式（2.21），定义三个方程：

$$M = \frac{-A}{D}, \ N = \frac{-B}{D}, \ O = \frac{-C}{D} \qquad (2.22)$$

并把 $1/z$ 改为 $1/W$，这样可以得到：

$$MS_x + NS_y + O = \frac{1}{W} \qquad (2.23)$$

这样能够在屏幕空间中计算出多边形每个点的 $1/W$。这里再定义：

$$S = \frac{U}{W} \qquad (2.24)$$

$$T = \frac{V}{W} \qquad (2.25)$$

这么定义的原因是光栅处理硬件需要的是 S 和 T 坐标，而不是 U、V 坐标。

　　从上面的推导可以看出，给定多边形平面每个顶点的屏幕坐标，能够计算出 S 和 T 坐标。

三、透视纹理映射算法

　　视空间到纹理空间的映射方程为：

$$Vt = Mvt \times (W - Wt) \tag{2.26}$$

　　从式（2.26）中可以得出：

$$\begin{cases} U = m_11 \times (x - v_1) + m_12 \times (y - v_2) + m_13 \times (z - v_3) \\ V = m_12 \times (x - v_1) + m_22 \times (y - v_2) + m_23 \times (z - v_3) \end{cases} \tag{2.26}$$

　　这里的 v_1，v_2 和 v_3 代表在视空间的平移分量。对式（2.27）进行变形，再定义：

$$\begin{cases} P = -(m_{11} \times v_1 + m_{12} \times v_2 + m_{13} \times v_3) \\ Q = -(m_{21} \times v_1 + m_{22} \times v_2 + m_{23} \times v_3) \end{cases} \tag{2.28}$$

　　用式（2.20）代入，再用 z 去除，可以得到：

$$\begin{cases} \dfrac{U}{z} = m_{11} \times S_x + m_12 \times S_y + m_13 \times S_y + \dfrac{P}{z} \\ \dfrac{V}{z} = m_{21} \times S_x + m_22 \times S_y + m_23 \times S_y + \dfrac{Q}{z} \end{cases} \tag{2.29}$$

　　用式（2.23）、式（2.24）和式（2.25）代换，并注意到 z 就是 W，于是有：

$$\begin{cases} S = (m_{11} + P \times M) \times S_x + (m_{12} + P \times N) \times S_y + (m_{13} + P \times O) \\ T = (m_{21} + Q \times M) \times S_x + (m_{22} + Q \times N) \times S_y + (m_{23} + Q \times O) \end{cases}$$

$$\tag{2.30}$$

　　对式（2.30）进行变形：

$$\begin{cases} S = m_{11} \times S_x + m_{12} \times S_y + m_{13} \times S_y + P \times (M \times S_x + N \times S_y + O) \\ T = m_{21} \times S_x + m_{22} \times S_y + m_{23} \times S_y + Q \times (M \times S_x + N \times S_y + O) \end{cases}$$

$$(2.31)$$

再定义

$$\begin{cases} J_1 = m_{11} + P \times M, \ J_2 = m_{12} + P \times N, \ J_3 = m_{13} + P \times O) \\ K_1 = m_{21} + P \times M, \ K_2 = m_{22} + Q \times N, \ K_3 = m_{23} + Q \times O) \end{cases} \quad (2.32)$$

这样就有

$$\begin{cases} S = J_1 \times S_x + J_2 \times S_y + J_3 \\ T = K_1 \times S_x + K_2 \times S_y + K_3 \\ \dfrac{1}{W} = M \times S_x + N \times S_y + O \end{cases} \quad (2.33)$$

用式（2.33）就可以计算多边形上任一点的 S，T 和 $1/W$。

四、仿射纹理映射算法

从上一节可以看出，透视修正纹理变换带来的问题是每个像素要执行两次除法，因此在三维渲染时不一定在透视修正时必须执行仿射纹理变换。仿射纹理变换还用于 3D 渲染的其他方面，如光线插值和其他采样类型的操作。实际上纹理映射本质就是采样理论的一个应用，即采样一个数据组并投影或映射到另一个上。使用多重插值进行仿射纹理映射是一种比较快的算法。

这种算法的思路是在三角形的左、右两边插值，绘制每条扫描线并正确地处理纹理像素，因此首先需要把所有的纹理坐标分配到目的三角形的顶点，给出插值的参考框架，在每个顶点处指定一个 (u, v) 纹理坐标。这样，每个顶点总共由 4 个数据组成，或称之为 4D 值，如果源纹理图是 64 像素×64 像素的，则任意顶点的纹理坐标范围是从 0 到 63，这样就可以把纹理图映射到每一个顶点上。其数学算法如下：

在左侧边插值：

$$dxdy_1 = (x_2 - x_0)/(y_2 - y_0)$$

$$dudy_1 = (u_2 - u_0)/(y_2 - y_0)$$

$$dvdy_1 = (v_2 - v_0)/(y_2 - y_0)$$

同样，在右侧边插值：

$$dxdy_r = (x_1 - x_0)/(y_2 - y_0)$$

$$dudy_r = (u_1 - u_0)/(y_2 - y_0)$$

$$dvdy_r = (v_1 - v_0)/(y_2 - y_0)$$

当然，在数学上有很大的空间对上面的式子进行优化，比如说，$(y_2 - y_0)$ 是公共量，只需被计算一次，更进一步，最好是计算 $(y_2 - y_0)$ 的倒数，并作乘法，等等。这时再看顶点 0，用它作为算法的起点：

左侧边插值起点：$x_1 = x_0$，$u_1 = u_0$，$v_1 = v_0$；

右侧边插值起点：$x_r = x_0$，$u_r = u_0$，$v_r = v_0$。

下面开始在左侧和右侧两边插值：

$$x_1 \mathrel{+}= dxdy_1,\ u_1 \mathrel{+}= dudy_1,\ v_1 \mathrel{+}= dvdy_1$$

$$x_r \mathrel{+}= dxdy_r,\ u_r \mathrel{+}= dudy_r,\ v_r \mathrel{+}= dvdy_r$$

但是在三角形左侧边和右侧边的每一个点上，还要沿着扫描线执行一次线性插值，这是最后一次插值，给出纹理坐标 (u_i, v_i)，用此来在纹理图中索引纹理像素。下面要做的是在左、右两边计算 u、v 速坐标，然后用 dx 计算每条边的线性插值因子。计算每条边的线性插值因子的算法示意代码如下：

$dx = (xend - xstart)$；

$xstart = xl$；　　　　//左侧起始点

$xend = xr$；　　　　//右侧起始点

在 u，v 空间中沿着每条扫描线的插值是：

$du = (u_1 - u_r)/dx$；

$dv = (v_1 - v_r)/dz$；

有了 du，dv，就可以在垂直位置为 y，水平位置从 x_{start} 到 x_{end} 的扫描线上进行插值。

五、纹理的细化算法

如果纹理图大于屏幕对应区域，由于纹理像素分布的随机性，尤其在不是很平滑的情况下，很容易造成实际效果中颜色的突变。比如对一个 256 像素×256 像素大小的纹理来说，随着远离观察者，同一个位置上帧和帧之间的纹理像素相干性逐渐变差。在第 i 帧，选择纹理像素（50，20）。但是在第 i + 1 帧，在多边形同一位置，选择的纹理像素可能就是（100，50）。如果这个纹理像素同前一个相比包含的不同颜色信息足够多，纹理就会出现闪烁和晃动，导致图像质量受损。为了解决这个问题，三维实时渲染时采用纹理细化（MIP mapping）的技术，即以一定方式把纹理预先过滤为不同的大小等级，程序在运行中根据透视变换的效果选取不同的纹理等级。MIP 来自拉丁文"Multum in Parvo"，意思是"以少见多"。

（一）一致性纹理细化

典型的纹理细化方法是一致性纹理细化。假定纹理图大小为 64 像素×64 像素，把它的长、宽依次减半细分为 32 像素×32 像素、16 像素×16 像素、8 像素×8 像素、4 像素×4 像素、2 像素×2 像素和 1 像素×1 像素大小。从最大的开始编号，比如 64 像素×64 像素编号为"mipmap # 1"，32 像素×32 像素编号为"mipmap # 2"等，以此类推。

在程序运行中，依据透视变换后需要的纹理像素的大小来选择使用哪个 mipmap。比如纹理图对应到屏幕上是每像素 16 个纹理像素，那么就选用 "mipmap ＃ 3"，即 16 像素×16 像素的纹理图。

当然，使用这个方法，对内存的需求也加大了，因为加载到内存中的除了原始纹理图之外，还要有细化后的各级纹理图。假定加载原始位图需要内存为 k，那么纹理细化需要的内存为：

$$k + \frac{k}{4} + \frac{k}{16} + \cdots + \frac{k}{4^n} < k + \frac{k}{4} + \frac{k}{16} + \cdots + k + \frac{k}{4^n} + \cdots = \frac{4k}{3} \quad (2.34)$$

即需要增加 1/3 的内存开销。

（二）非一致性纹理细化

在使用一致性纹理细化时，纹理图必须满足 2 的 n 次方规则。如果纹理图在 x 轴方向的大小与 y 轴方向上的大小不一致，可以使用非一致性纹理细化。顾名思义，这种方法就是在 x 轴方向上和 y 轴方向上分别进行减半细分。

以 64 像素×64 像素大小纹理图为例，使用非一致性纹理细化的结果见表 2-1。

表 2-1　非一致性纹理细化图（64 像素×64 像素）

	1	2	3	4	5	6	7
1	64×64	64×32	64×16	64×8	64×4	64×2	64×1
2	32×64	32×32	32×16	32×8	32×4	32×2	32×1
3	16×64	16×32	16×16	16×8	16×4	16×2	16×1
4	8×64	8×32	8×16	8×8	8×4	8×2	8×1

续　表

	1	2	3	4	5	6	7
5	4×64	4×32	4×16	4×8	4×4	4×2	4×1
6	2×16	2×64	2×32	2×8	2×4	2×2	2×1
7	1×64	1×32	1×16	1×8	1×4	1×2	1×1

从表2-1可以看出，非一致性纹理细化图可以用索引表中的一对数值来索引，比如说，mipmap 64×64 用（1，1）索引，mipmap 64×16 用（3，1）索引，mipmap 2×4 则用（5，6）索引，以及 mipmap 1×1 用（7，7）索引。

非一致性纹理细化所需的内存开销是原始纹理图的 4 倍。然而非一致性纹理细化在应用上有着极大的灵活性，既可以在纹理的两个方向（x 轴和 y 轴方向）上都压缩，也可以只在某个方向（x 轴或 y 轴方向）上压缩。

六、双线性插值算法

如果纹理图太小该怎么办？虚拟现实视景仿真系统平台中使用双线性插值来处理这个问题。所谓双线性插值，是指有两个变量的插值，这种技术经常用于平滑锯齿。nw，ne，sw 和 se 是纹理像素，P 是当前像素的实际纹理坐标。这样，分配到该像素上的颜色是 $B_i = A \times nw + B \times ne + C \times sw + D \times se$，这里 A，B，C 和 D 是图中划分的矩形区域。要注意的是，由于 P 点更靠近 nw，A 表示的是接近顶点的比率而并不表示图中面积的大小。

双线性插值算法程序示意代码如下：

```
double texture［N］［M］;        //0<x<N, 0<y<M
double xReal;                 //0≤xReal<N-1
double yReal;                 //0≤yReal<M-1
```

int x0＝in t（xReal），y0＝in t（yReal）；

double dx＝xReal－x0，dy＝yReal－y0，omdx＝1－dx，omdy＝1—dy；

double bilinear＝omdx * omdy * texture［x0［y0］+omdx * dy * texture
［x0］［y0+1］

dx * omdy * texture［x0+1］［y0］+dx * dy * texture［x0+1］［y0+1］

七、三线性插值算法

在视景系统平台中有时还要用到三线性插值。所谓三线性插值就是把纹理细化同插值技术（线性插值或双线性插值）结合起来的一种方法，能够获得更加平滑的纹理效果。在纹理细化过程中，使用函数来计算所需的纹理细化图的索引值，然而，计算出来的这个索引值可能不是整数。这时候就需要用再次插值的办法来确定确切的纹理颜色。

在一致性纹理细化的情形中，函数计算结果为"mipmap # 3.15"。这就意味着使用 mipmap # 3 和 mipmap # 4 之间的纹理（更接近 mipmap # 3）。那么在 mipmap # 3 和 mipmap # 4 之间进行简单的线性插值。比如说，在这个例子中取 85% 的 mipmap # 3 和 15% 的 mipmap # 4。在非一致纹理细化的情形中，在四个纹理细化图中使用双线性插值。比如，这时想要的索引是（mipmap # 3.3，mipmap # 5.4），计算过程和结果如下：取 mipmap（3，5）的（0.7×0.6）＝0.42，mipmap（4，5）的（0.3×0.6）＝0.18，mipmap（3，6）的（0.7×0.4）＝0.28 和 mipmap（4，6）的（0.3×0.4）＝0.12。使用三线性插值获得的纹理更加平滑，这一点在动画中非常重要。然而，这种技术的计算量也非常大。

第四节　隐面消除

在视景仿真系统平台中加载的 3D 模型,比如立方体,无论从哪个方向进行透视处理,最多只能看到其中的 3 个面,其他多面体也是如此。隐面消除就是去除不可见面来减少数据量。虚拟现实视景仿真系统平台主要采取下面几种隐面消除技术。

一、二叉空间分割树

在虚拟场景中的多边形比较复杂,尤其是涉及凹多边形的时候,采用二叉空间分割树 BSP (Binary Space Partition) 进行隐面消除。BSP 方法就是在程序运行时使用预先计算好的树来得到多边形从后向前的列表,它的复杂度为 $O(n)$,由富克 (Fuch) 和凯德姆 (Kedem) 在 1980 年首次提出。其思想是任何平面都可以将空间分割成两个半空间。使用多边形列表将分割过程一直进行下去,将子空间分割得越来越小,直到构造成一个二叉树。在这个树中,当前进行分割的多边形被存储在树的节点,所有位于子空间中的多边形都在相应的子树上,这一规则适用于树中每一个节点。为了清楚地说明,假定所有多边形在某个平面上的投影都映射为直线段,由多边形 B 开始构造一个 BSP 树。

多边形 B 所在的平面将空间分割为两个部分,使得多边形 D 和 E 位于同一个半空间中,多边形 C 在另一个半空间中。而多边形 A 则穿越了两个半空间,于是将这个多边形从它与分割平面相交的地方分为两个部分,一个命名为 A_1 另一个命名为 A_2,这样,A_1 就和 D,E 在同一个半空间中,A_2 和 C 在同一个半空间中。

对子树继续进行分割，在左边子树中选择 E 作为分割多边形，在右边子树中选择 A_2 作为分割多边形，这样建立下面的结构树。

这里要注意，对任何空间来说，BSP 树不一定是唯一的。可以对同样的多边形找到多个有效的二叉分割。依靠选择来决定进行分割的多边形的顺序，可以得到不同的树。尽管所有以这种算法划分的树都可以用来判断多边形从后向前的顺序，但是总有一些要比其他一些更加有效。

从视点的位置和位于树顶部的多边形之间的关系来看，视点要位于其中的一个半空间中，显然与视点在同一半空间中的多边形要比另一半空间中的离视点更近。基于此，如果首先将较远处半空间中的多边形放置在最终的列表中，然后放置根多边形，再放置与观察者在同一半空间中的多边形，这样就得到多边形从后到前的排列顺序了。对每一个子树都重复同样的过程，在每一个级别中选择相应的顺序，最终，就会得到正确的多边形的排列顺序。

在这个算法中，对节点所做的判定，取决于观察者位于该节点产生的哪一个半空间中。如果将视点坐标代入给定多边形的平面方程式中，结果为正，就表示观察者位于该多边形的法向量所指向的半空间中；结果为负则表示位于另一个半空间中；0 值表示视点位于这个多边形所在的平面上，也意味着半空间在屏幕上的投影不相交，并且可以在这一阶段的遍历过程中选择任何子树顺序。

预计算 BSP 树的过程如下：在多边形集合中选择一个多边形，计算该多边形的平面方程式。用平面方程判定剩余的多边形所有顶点。如果所有顶点都是负值，那么多边形就放置在一个子树中；如果所有顶点都是正值，那么多边形就放置在另一个子树中；如果结果有正有负，那么将多边形分为两部分，分别放置在两个子树中。这个过程一直持续到子树只包含一个多边形为止。然后判定多边形从后向前的顺序：取位于树顶的一个多边形，计算这个多边形的平面方程，再将视点坐标代入方程式中，判定正负号。对子树的处理也是如此。构建 BSP 树时．选择不同的多边形会产生不同的树的结构。因此，就应该考虑选择哪个多边形有助于提高算法的效率。每一个多边形在通过渲染管道时都有一定的系统消耗，因此多边形越少，性能就越好，可以利用判据来选择有较少分割的多边形。

总之，使用 BSP 树来进行从后向前排序的最大优点就是算法运行的复杂性较低。这种方法也解决了多边形的多重交叠和多边形穿越问题。但是，如果多边形的排列在运行时发生了改变，BSP 树就必须发生相应的改变。由于计算量非常巨大，因此这种算法只适用于固定场景，尤其是室内场景。

二、Z-buffer 算法

对前面提到的隐面消除算法来说，它们处理的对象都模拟的是多边形集。但是当多边形数量很多的时候，这些方法的性能退化很快。在本小节要考虑的 Z-buffer 算法适合用任何一种方法光栅化任何一种图元，而且其复杂性与场景中的图元数量成比例，目前的图形加速硬件几乎都支持这种算法。

Z-buffer 算法的思路是，它把可见性判断过程从图元层次或扫描线层次上进一步转变到了单个的像素层次上。换句话说，每次要判定某些图元的一个像素在图元光栅处理前是否应该被绘制时，把该像素的颜色同 z（深度）坐标存储在一起。如果在此位置上要绘制某个像素，必须比较它们的 z 值，且如果新像素更靠近视点，则它将替代前面被绘制上的像素。如果新像素被判定距离更远，那么在该位置上保留原先的像素。

由于 Z-buffer 算法实现起来很简单，因此可以通过硬件来实现。这种算法的问题是标度 z 的坐标位有限。在某些场合下，对 z 值可能的舍入或截尾可能会引起可见性的错误判定。

　　另外，这种算法需要的内存也相当惊人，因此它对中等数量图元的应用没什么吸引力，只有需要处理大量图元的时候才使用这种算法。

<h1 style="text-align:center">第五节　明暗处理与阴影</h1>

　　计算机图形学领域的内容都建立在开发人类的视觉感知能力上，这就涉及光线和照明处理。处理局部照明的一般方法是只对图元的几个特殊地方进行照明的计算，而在其他地方进行内插运算，这就是图元的明暗处理。本节主要讨论系统平台中采用的平面明暗处理和 Gouraud 明暗处理两种方法。在这之后也讨论用于计算全局照明效果的阴影计算等技术。

一、平面明暗处理

　　假设对多边形采取统一的照明，则对每个多边形只计算一个点，然后使用得到的颜色进行光栅化处理。这一过程称为环境或平面明暗处理。在环境照明情况下，上述假设一般都可以实现，但有的时候，比如在使用描述漫反射表面的 Bouknight 照明模型的情况下，上述假设只能在多边形是一个平面的情况下才能够实现，也就是说，对于曲面它是没有用的，并且在场景中只有方向光（所有的光源都有一定的作用距离）也是没有用的。Bouknight 照明模型的公式如下：

$$I_{reflected} = K_{ambient} I_{ambient} + K_{diffuse} I_{diffuse} (N \cdot L) \tag{2.35}$$

　　其中 $I_{reflected}$ 代表将环境光和漫反射结合起来的光强，$K_{ambient}$，为环境光反射系数，$I_{ambient}$ 为环境光强，$K_{diffuse}$ 为漫反射系数，$I_{diffuse}$ 为漫反射强度，N 为表面法矢量，L 为指向光源的方向矢量，从式（2.35）可以看出，照明依赖于 N 和 L。当用多边形来对曲面进行近似时，法矢量不再是一个常量。如果有一个点光源的话，那么在多边形上指向光源的方向也会发生变化。但是，由于计算机图形学是对真实环境的一种再现过程，在这种情况下，可以假设照明是一个常量。这样，即使在 Bouknight 和更难于处理的 Phong 照明模型情况下，仍然可以决定使用环境明暗处理。但是要注意，在后一种情况，如果碰巧在镜面高光的位置进行了计算，那么整个多边形都将是高光，这样就会严重失真。

由于人眼的视觉特性，使用平面明暗处理方式的多面体会出现一种马赫带效应，也就是说尽管每一个多边形都有统一的颜色，但是在多边形边缘的地方，会感觉到较暗的一边会变得更暗，而较亮的地方会变得更亮。因此平台在需要的地方采用 Gouraud 明暗处理。

二、Gouraud 明暗处理

Gouraud 明暗处理可以更好地提高画面质量。这种方法对多边形的顶点计算照明效果，然后对亮度进行内插。这种明暗处理对描述漫反射的 Bouknight 照明模型同样适用。通过对亮度值进行平滑，它可以避免曲面近似时出现的小块现象。

为了计算照明效果，首先要找到顶点的法矢量。当用一些小平面对曲面进行近似时，顶点的法矢量可以通过对小平面的法矢量求平均的方法来获得。

这种明暗处理方法还允许模拟漫反射表面在点光源不均匀照明情况下的效果，但它并不适合于镜面反射和 Phong 照明模型。按定义内插明暗处理方法只允许在多边形表面对亮度进行线性的改变，而镜面反射的亮度变化却是非线性的：

$$I = K_{ambient}I_{ambient} + I_{directed}(K_{diffuse}(N \cdot L) + K_{specular}(R \cdot V) \qquad (2.36)$$

其中，$K_{specular}$ 为镜面反射系数。这样当镜面反射出现在多边形内部时，就会将它完全忽略掉，或者当高光出现在多边形的顶点处时，使用线性内插就会得到错误的结果。与环境明暗处理时的情况类似，当多边形较小或者对品质的要求较低时，这种方法还是可行的。

三、阴影的计算

场景中出现多个物体时要用到其他一些照明效果，如阴影、环境反射等，以及前面讨论过的漫反射表面的相互照明。通常，当要求场景中的物体有一定的交互性时，在运行期间计算其他全局照明效果将很难实现，因此就需要对它们进行预先的处理。本小节主要讨论阴影的计算。

计算阴影有许多种算法，通常将它们分为两组，第一组预先计算描绘阴影所需的几何信息，第二组在场景光栅化时计算动态阴影效果。有两种方法来预先计算阴影。最常用的一个是将场景细分为许多部分，使得对于每一个点光源每个图元都能被完全照亮或者完全隐藏。另一种方法是在纹理中存储阴影信息。后一种方法需要对每一个图元都设置一幅特殊的纹理，因此在有些情况下不可行。

预先计算阴影，就要解决可见性问题。在光源处可见的图元部分是可以被照亮的，而其他部分就应该有阴影存在。被照亮的多边形在空间中产生了一定的阴影范围。这个范围形成了一个多面体，阴影由它的顶部开始产生，位于这个多面体内的多边形部分都是有阴影的。而其他的多边形都可以被这个多面体裁剪为两个部分，一部分完全是阴影，另一部分则完全被照亮。这种划分是非常复杂的，但是可以利用合成场景的一些特性来减少计算量。

也可以使用 BSP 树算法来计算阴影范围。使用 BSP 树可按从后到前的顺序排列多边形；同样可得到从前到后的排列顺序。列表中排在前面的多边形会对后面的多边形产生阴影，但不会影响到其他分支的多边形。可以使用阴影区间算法并沿着列表执行必要的分割。在将任何一个多边形分为阴影区和照亮区之后，所有的这些区域仍然属于同一个平面，并且可以被联合存储在树中原先的地方。

其他产生阴影的算法也包括了解决可见性的问题。阴影 Z-buffer 算法（ShadowZ-buffer）是对一般隐面消除算法的扩展。

这个算法的一个明显的缺点是要对每一个光源都定义一个光线 Z-buffer。同时，这种算法也将额外的处理过程引入光栅化的内部循环中，提高了程序的复杂性，而且由于自身的特性，Z-buffer 算法经常会覆盖掉一些像素先前的值。这样，可能会对一些不会在最终的图像中描绘出来的点计算它的照明和阴影。为了解决这一问题，视景系统平台通常是先对图像进行光栅化处理，然后加入阴影计算。这样就只计算出现在最终图像中的点的阴影信息。

第六节　计算机图形学中的常用模型

一、Lena/Lenna

这个模型是一个"美女"，名字叫莉娜（Lena），是 1972 年 11 月《Playboy》（国内译为：花花公子）杂志的一个插图。Lena 是瑞典语，根据英语标准发音，译为 Lenna。

1973 年 6 月，美国南加州大学的信号图像处理研究所的一个助理教授和他的一个研究生打算为一个学术会议找一张数字照片，而他们对于手头现有成堆的"无聊"照片感到厌烦。事实上他们需要的是一个人脸照片，同时又能让人眼前一亮。这时正好有人走进实验室，手上带着一本当时的《Playboy》杂志，结果故事发生了，而限于当时实验室设备和测试图片的需要，

Lenna 的图片只抠到了原图的肩膀部分。

Lenna 图是最广泛应用的标准测试图——她的脸部与裸露的肩部已经变成了事实上的工业标准。该图适度地混合了细节、平滑区域、阴影和纹理，从而能很好地测试各种图像处理算法。同时，Lena 还是个美女，图片非常吸引人。

二、Stanford Bunny

这个模型最早是被斯坦福大学采用，因此称之为 Stanford Bunny（斯坦福兔子）。这个兔子在图形学界经常使用，它由 69451 个三角形组成，有 2.286m（7.5ft，1ft = 0.3048m）高。它可用于测试多种图形学算法，包括多边形简化、压缩和平滑表面。

随着硬件水平的提高，这个兔子已经是一个简单的模型了，但是仍然不妨碍它成为最经典的图形学模型之一。

三、Utah teapot

Utah teapot 中文译为犹他茶壶，或称纽维尔茶壶，是在计算机图形学界广泛采用的标准参照物体。其造型来自生活中常见的造型简单的茶壶，被制成数学模型，外表为实心、柱状和部分曲面。

这个茶壶的模型是在 1975 年由早期的计算机图形学研究者马丁·纽维尔制作的，他是犹他大学先锋图形项目小组的一员。

这个茶壶造型包含许多重要特性，使它成为当时的计算机图形学的试验者们的理想选择——圆滑，有较多鞍点，把手部位的洞使表面亏格大于 0，能于自身形成投影，且在表面无复杂材质贴图时看起来并不失真。

四、Cornell Box

Cornell Box 模型是由康奈尔大学提出的模型，将渲染的场景和真实的场景图片对比，来观察渲染的效果。该模型首次出现是在 1984 年的 SIGGRAPH 会议上，之后一举成名。

此图的意义在于，它可以测试渲染过程中较多的因素，尤其是和光线相关的，例如光线追踪算法、辐射度算法等等。

五、Stanford Dragon

Stanford Dragon 中文译为斯坦福龙，这个龙是中国式的龙，不是西方那种大蜥蜴。

这个龙的模型是 1996 年在斯坦福大学提出的。它是对一个真实存在的模型进行 3D 扫描得到的，有 871414 个三角形，比斯坦福兔子复杂多了。斯坦福龙和兔子一样，用于测试多种图形学算法，相当于兔子的升级版。

六、弥勒佛

这个模型很复杂，在 SIGGRAPH 会议上，此模型也出现过很多次。

除了以上 6 个模型以外，当然还有很多的模型。第一个 Lena 模型是属于图像领域，而剩下的 5 个则是图形领域的了。随着技术的飞速发展，通过扫描，将一些复杂的实体转化成电脑模型已经不是什么难事了，所以必将会有更多的模型涌现。但是，又有几个能像斯坦福兔子那样经典呢？对于图形学方面的研究，斯坦福大学和康奈尔大学研究得很早，所出的成果也很多，为图形学的发展做出了巨大的贡献，时至今日，这两所大学关于计算机图形学方面的研究依然代表着世界最高水平。

第三章　虚拟现实视景仿真技术

虚拟现实技术主要涉及三个研究领域：通过计算机图形方式建立实时的三维视觉效果；建立对虚拟世界的观察界面；使用虚拟现实技术加强在科学计算技术可视化等方面的应用。虚拟现实视景技术就是计算机生成的实时的三维图形技术，它是虚拟现实技术的基础支撑技术，其核心是三维图形引擎技术。

第一节　虚拟视景仿真系统的组成

虚拟视景仿真系统一般应包括虚拟仿真引擎、虚拟仿真系统交互接口、虚拟仿真资源管理、虚拟想定生成、虚拟仿真建模等子系统。

虚拟仿真引擎在虚拟仿真系统中占核心地位，它集成了三维图形实时渲染技术、三维声音合成技术、立体显示技术、动态环境建模技术、物理引擎等，通过整理和封装，形成一个面向虚拟仿真应用系统开发的函数集，使得应用开发人员不用关心底层技术的实现细节，就能开发出高水平的虚拟仿真应用。

沉浸感是虚拟仿真系统典型特征之一，也就是说虚拟仿真系统应该给予参与仿真过程的用户以逼真的显示画面、自然的交互接口，从而达成评估与训练等仿真目的。为了实现沉浸感交互接口，需要在虚拟仿真系统中集成各种虚拟现实交互设备，包括数据手套、空间定位器、头盔显示器或 Reality

Center 大型显示环境。

　　模型是仿真活动的基础。虚拟仿真建模是虚拟仿真系统构建过程中必不可少的重要一环。不同于普通的仿真系统，虚拟仿真系统不仅仅是采用数学公式对系统运行规律进行数学建模，而更重要的是对虚拟环境与虚拟对象的视觉外观、表面摩擦力等物理属性、运动规律进行建模。这便涉及视景建模、物理建模、行为建模、过程建模等新型建模方法与手段。

　　"想定"的原意是脚本、剧本。在军事领域它就是指挥员将作战意图转化成的具体的作战实施计划和方案。所谓的想定系统是指辅助想定编制和仿真运行的软件系统。它把各个相对独立的仿真模型，通过某种规范放在一个共同环境中组装和聚集，赋予它们各种使命和关系，形成仿真想定模型，然后进行仿真试验和运行或者服务于训练和演练，最终采集有效仿真数据，为以后的训练评估等提供数据支持。

　　模型、想定以及其他仿真资源应该由虚拟仿真资源管理系统进行统一的管理。这样做有几点好处：一是有利于保证仿真资源的一致性，避免数据的"多处存放、多处管理"的混乱状况，使得仿真资源易于保存、易于读取使用。二是有利于充分利用管理设备与软件。只有集中存放、统一管理，才能高效地利用这些设备与软件。三是有利于提高资源的安全性。通过统一的防灾难备份等安全措施，可以确保资源在出现意想不到的灾难时能得到有效恢复。

　　在每次仿真中，首先是由仿真监控人员负责设定仿真的任务、目标与要求，任务目标与要求的确定一方面是指导仿真过程的需要，同时也是仿真结果评估的基础。

　　仿真任务与目标被转换为具体的仿真要求，同时作为想定生成模块与仿真评估模块两个模块的输入。

仿真想定生成模块根据仿真要求，在仿真监控人员的辅助下，生成仿真想定。仿真想定生成模块对应具体的仿真变量控制与仿真环境设定，分别控制仿真运行与虚拟训练环境的表现与交互过程。

仿真结果一方面会由仿真记录与回放模块实时地保存下来，以备在需要时回放出来，供事后讲评与回顾使用；另一方面，仿真结果会交给仿真评估模块评定仿真效果。

第二节　实时视景的生成和显示

一个视景仿真系统由三部分组成：视景数据库、图像生成器和显示系统。视景数据库包括几何定义数据、仿真环境需要的色彩和纹理；图像生成器绘制的内容是仿真器从视点定义的，这些数据存储在视景数据库中；显示系统可以是投影仪、CRT 显示器或者头盔显示器。

视景的显示是由计算机提供的。视景数据库由两部分组成，一部分是以直接或间接方法存储的图像数据，另一部分是以向量或参数方法存储的图形数据。由于视景是一个随时间变化的三维世界的再现，因而，要利用有像三维投影和立体视觉等光学原理，同时还要有物体在空间中运动的实时计算问题。

视景中的图像是计算机根据环境的需要，利用给定的条件和模型，在对图像数据和图形数据计算后生成的。

所谓图形的实时显示，是指用户视点变化时，图形显示的速度必须跟上视点变化速度，否则就会产生帧跳动现象，要消除这种帧跳动的迟滞现象，计算机通常应该在每秒钟生成 20~30 帧图像，至少不能少于 10 帧图像。当场景很简单时，如只有几百个多边形，就目前的计算机性能而言要实现实时显示并不困难。但是，为了得到逼真的显示效果或出于仿真的需要要求建立一个大地形，地形场景中往往有上万个多边形，有时多达几百万个多边形。此外，系统往往还要对地形场景进行光照明处理、反混淆处理及纹理处理等，这就对实时显示提出了很高的要求。

就图形学发展而言，起关键作用的无疑是图形硬件加速器的发展。高性能的图形工作站和高度并行的图形处理硬件与软件体系结构是实现图形实时生成的一个重要途径。然而应用模型的复杂程度往往超过当前图形工作站的实时处理能力，考虑到视景仿真对场景复杂度几乎无限制的要求，在视景仿真高质量图形的实时生成要求下，如何从软件着手，减少图形画面的复杂度，已成为视景仿真中图形生成的主要目标。

要提高图形显示速度，一个有效的方法就是降低场景的复杂度，即降低当前场景的多边形数量。目前，主要有下述几种常用的方法。

一、可见性判定和消隐技术

由于视线的方向性、视觉的局限性以及物体之间的相互遮挡，人们所看到的往往只是场景中的一部分，而图形生成是物体空间到图像空间的转换。就活动目标而言，可能每次用到的三维实体目标不尽相同，所以有些目标根本不在当前显示内容中，而有的可能被全部显示。所以要对可视化数据库进行检索，检索出一部分，该部分经过坐标转换和透视投影所产生的图像是屏幕上可显示的。有些图像可能会超出屏幕，或部分超出屏幕，这就要进行可见性判定和裁剪。

由于视点的不同，只能看到三维物体的某些面，而有些面是看不到的，将那些完全或部分被遮挡的面称为隐藏面，消隐技术就是要消除相对空间给定观察位置的背离面和隐藏面，这样就能得到不透明物体图像的最基本的真实感。

目前最常用的消隐算法是缓冲器算法，由于该算法简单并且能够在硬件上实现，因而被广泛地应用于实时绘制系统中，事实上已成为图形学中的标准算法。

二、细节层次模型

视景仿真和其他三维图形仿真环境的真实感，在很大程度上取决于动态画面的连续性和画面图形元素（各种模型）的分辨率。提高模型的分辨率，即使用更多的三角形或多边形表达物体的外形，可以使场景更逼真，但必然会加大图形负荷，延长场景渲染时间，造成画面不连续；降低模型的分辨率，可以加速场景绘制，但可能会引起画面失真，影响视景仿真的真实感。

如果场景中许多可见面在屏幕上的投影小于一个像素，就可以合并这些可见面而不损失画面的视觉效果，细节层次模型技术就是顺应这一要求而发展起来的一种快速绘制技术。所谓细节层次（Level of Detail，LOD）模型就是为每个物体建立多个相似的具有不同分辨率的模型，不同的模型对细节的描述不同，对细节描述得越精确，模型也就越复杂。

细节层次模型技术的基本原理就是物体离视点较近时，采用分辨率较高的模型，能够观察到模型丰富的细节；当物体离视点较远时，可以采用分辨率较低的模型，这时所观察到的细节逐渐模糊，但这并不怎么影响画面的视觉效果。视景仿真程序根据一定的判定条件，适时地选择相应分辨率的模型，就可以避免因绘制那些意义不大的细节而造成的时间浪费，从而有效地协调了绘制快速性和场景逼真性的关系。关于细节层次模型的生成算法在此就不再赘述了。

三、纹理映射技术

环境模型中的图形仅有体和面的几何结构是不能产生仿真环境的真实感的，还需对其表面进行处理即加表面反射和纹理。以前提高一个对象的真实感的主要办法是增加物体的多边形，然而增加多边形会降低图形显示速度。目前的图形硬件都具有实时纹理处理能力，允许二维图像位图上的像素值加到三维实体模型的对应顶点上，以增强图像的真实感。使用纹理映射技术有以下优点：

（1）增加了细节水平及景物的真实感；

（2）由于透视变换，纹理提供了良好的三维像素；

（3）纹理大大减少了环境模型的多边形数目，提高了图形显示的刷新率。

四、实例化技术

当三维复杂模型中具有多个几何形状相同但位置不同的物体时，可采用实例化技术。例如，一个动态的地形、地貌场景，有很多结构、形状、纹理相同的树木，树木之间的差别仅在于位置、大小、方向的不同，如果每棵树都放入内存，将会造成极大的浪费。可以采用内存实例的方法，相同的树木只在内存中存放一份实例，将一棵树进行平移、旋转、缩放之后得到所有相同结构的树，从而大大地节约了内存空间。

采用内存实例的主要目标是节省内存，从这个意义上来说，内存占用少了，显示速度会加快，但同时由于物体的几何位置要通过几何变换得到，又会影响速度，所以采用内存实例的方法是对速度和内存综合考虑的问题。

五、单元分割技术

将仿真环境模型分割成较小的环境模型单元称为模型单元分割。模型被分割后，只有当前模型中的环境模型对象被渲染，因此，可极大地减少环境模型的复杂程度。

这种分割方法对大型地形模型和建筑模型是非常适用的。在分割后，模型的大部分在给定的视景中是不起作用的。每个视野中的多边形数基本上不随视点的移动而变化，除非越过某个阈值（例如从一个房间到另外一个房间）。对于某型规整的模型，分割容易自动地实现。而对于那些完成后一般不再轻易变化的建筑模型，分割能在预先计算阶段离线完成。

第三节　虚拟战场的建模与绘制技术

虚拟战场的出现和发展，使得军事演习在概念上和方法上有了一个新的飞跃。人们可以通过建立虚拟战场（即作战仿真系统）训练军事人员，也可以通过虚拟战场检验、评估武器系统的性能和作战方案的优劣。因此，虚拟战场研究一直受到许多国家的重视。

虚拟战场就是利用虚拟现实技术生成虚拟作战自然场景，并在保证其一致性的基础上，通过计算机网络，将分布在不同地域的虚拟武器仿真平台联入该仿真场景中，进行战略、战役、战术等想定演练的分布式交互仿真应用环境。

虚拟战场中自然场景是否逼真，对于战术一级的虚拟演练具有十分重要的意义。而且随着虚拟战场的发展，自然场景对于武器效能、作战行动乃至于重大决策都有不容忽视的影响。因此开展虚拟自然场景仿真的研究，不仅有利于提高场景逼真度，而且能增强作战仿真的可信度。另外，虚拟自然场景在交互娱乐、文化教育、虚拟展览、生态规划等诸多方面也有着广泛的应用前景。

一、虚拟战场的发展历程

近十几年来，随着科学技术的发展，特别是计算机网络和计算机图形学的快速发展及广泛应用，使得军事演习在概念上和方法上有了一个新的飞跃，即通过建立虚拟战场来训练军事人员，检验武器系统的性能和评估作战方案的优劣。在虚拟战场中，参与者可以看到在地面上行进的坦克和装甲车，在空中飞行的直升机、歼击机和导弹，在水上和水下游弋的舰艇和潜艇；可以看到坦克和装甲车行进时后面扬起的尘土和被击中时燃烧的浓烟；可以听到飞机或坦克的隆隆声由远而近，并根据声音辨别目标的来向和速度；参与者可以瞄准、射击上述目标，也可以驾驶坦克、飞机等武器平台仿真器。

虚拟战场既可以进行战术层次的演练，又可以进行战略层次的推演，作战计划制订人员可以通过虚拟场景仿真进行方案的评估与筛选。

美国是最早开展战术虚拟训练和虚拟战场研究的国家。早在 1983 年，美国国防部高级项目研究计划局（DARPA）和美国陆军就共同制订了 SIMNET（Simulation NET working）研究计划，其最初目的是企图将分散在不同地点的地面车辆（坦克、装甲车）仿真器用计算机网络联系起来，形成一个整体战场环境，从而进行各种复杂任务的训练和作战演习。到 1990 年，已建成了分布于美国和德国的 11 个基地，包括约 260 个地面车辆仿真器和飞机飞行模拟器，以及通信网络、指挥中心和数据处理设备的综合仿真网。通过这个系统可以训练军事人员和部队，也可对武器系统的性能进行研究和评估。

近年来，虚拟战场得到了很大的发展。目前，在国外虚拟战场已应用于陆、海、空、特种部队等多个军兵种的军事训练，并且开始支持具有一定规模的诸兵种联合演练。

　　总结 SIMNET 研究、开发和应用过程中积累的经验，美国军方和工业界在 SIMNET 的基础上，共同倡导并着手建立了异构型网络互联的分布式交互仿真系统（Distributed Interactive Simulation，DIS），把它作为美国面向 21 世纪的一种信息基础设施，并着手在各军兵种开展各种高级概念技术演示项目的研究。这些项目共有 39 个，其中 26 个已经在 2000 年内完成。其中典型的有 BFTTS、JMASS 和 CATT 等。BFTTS（Battle Force Tactical Training System，作战兵力战术训练系统）是由美国海军开发的一个舰船内嵌式海战模拟训练系统，它直接把舰船的各种传感控制设备与一个虚拟的战场环境相连接，用于训练从船员到舰长等各级参战人员的操纵、作战及指挥能力。近 10 年的研究和应用结果表明，BFTTS 可以为设备操作、作战评价、系统配置和模拟武器的损毁过程提供较有效的训练环境。JMASSC（Joint Modeling and Simulation System，联合建模与仿真系统）是一个由美国 Wright Patterson 空军基地开发的仿真系统。目前的版本主要用于多个领域的建模与分析，如电子战的研究与开发、测试与评估等。CATT（The Combined Arms Tactical Trainer，多兵种战术训练系统）是一组由美军 TMA 投资，并由仿真、训练与装备司令部管理的训练系统，其目的是应用逼真的虚拟战场环境进行对抗演练，以训练各兵种营以下级别的指挥人员。

　　NPSNET 是美国海军研究生院研究开发的一个分布式虚拟环境，其目的是研究国防与娱乐业应用中的大规模虚拟环境所需要的人机交互技术与软件技术。主要研究方向包括网络化虚拟环境、计算机生成实体、人机交互技术和可视化技术等。该项目组对分布式虚拟环境的体系结构以及虚拟仿真实体的建立都进行了深入的研究，许多技术成果已为 STOW 和 JSIMS 项目所采用。

各单兵种虚拟战场环境发展到一定的规模与水平后，美国国防部开始尝试研制具有一定规模的多兵种联合作战综合演练环境。从 1994 年开始，由美国 DARPA 和美军大西洋司令部联合开展了一个高级概念技术演示项目：战争综合演练场（Synthetic Theater of War，STOW），其目的在于研究大规模高分辨率（实体级或武器仿真平台级）仿真对指挥与参谋人员联合训练以及任务预演的支持能力。英国作为合作伙伴参加了技术开发和军事演练的全过程。1997 年，举行了 STOW97 的联合演练，参演节点分布于美国和英国的 5 个不同地点，通过先进且安全的 ATM 网络互联，共有 3700 多个参演实体，8000多个参演对象，使用了 500km×750km 的合成地形环境，演示了天气变化、球形地面、自动化合成兵力指挥、动态目标、智能传感器以及与真实 CI 系统的连接等多项功能。

客观地讲，STOW 是一个高级概念技术演示系统，还不是一个真正的实用系统。JSIMS（Joint SIMulation System）则是美国国防部以 STOW 为其技术基础研制的一个支持多兵种联合仿真演练的实用系统。其主要目的是为各兵种的训练与教育提供包括各种任务各阶段的逼真联合训练支持。其仿真领域包括海、陆、空、空间与特种部队的操作；仿真的级别包括战场操作、战术与决策；可以完成的仿真任务包括训练、战术演练以及教育等。

WARSIM2000（WAR fighters´ SIMulation 2000）是美国军方面向 21 世纪建立的下一代战争演练系统，由仿真、训练与装备司令部负责实施。它将满足 JSIMS 中陆军部分的需求，并提供一个逼真的联合战争空间环境，包括军团战斗模拟训练、战术智能模拟和陆军部分的战争综合演练场。另外，该系统还将采用聚合级仿真协议把构造性的模拟与创建战场环境结合起来以支持军事训练和演练。

迄今为止，美军已兴建了 30 多个大中型实验室和虚拟训练系统，每个作战实验室的年度战术级训练可达上百次。伊拉克战争前，美国陆军在欧文堡国家训练中心、海军在法龙水面作战中心、空军在内利斯训练基地都进行了模拟仿真演习，为"沙漠风暴"的成功打下了坚实的基础。目前，美军在虚拟战场环境中进行的仿真训练的范围是相当广泛的，小到飞行员的飞行模拟训练、地面战斗车辆操作员的模拟训练，大到战斗、战术和战役的模拟演练。

　　为了适应未来高技术局部战争对军事训练提出的新要求，在国家"863"计划的支持下，从 1996 年开始，我国以北京航空航天大学虚拟现实与可视化新技术实验室作为系统集成单位，以国防科技大学、装甲兵工程学院、中国科学院软件所、浙江大学、解放军测绘学院和北京航空航天仿真所等单位为关键技术单位，已共同建立了一个分布虚拟战场环境 DVENET（Distributed Virtual Environment NET work）。该虚拟战场包括一块大小为 110km×150km、基于真实地形数据的虚拟陆战战场环境，与陆地连接的 200nmile×200nmile 的逼真的海战战场环境，以及飞机、坦克、舰艇、潜艇、自行高炮、导弹和雷达等武器的虚拟仿真平台。在课题参研单位的密切合作下已进行了多次异地海、陆、空三军作战联合演练，并受到了有关专家的好评。

　　虚拟战场以其在军事训练演习上特有的科学性、经济性、对抗性、直观性、交互性、实时性等诸多优点，为各国军队提供了在新时期下实现战略、战役、战术等想定演练的有效途径。事实上，虚拟战场已成为美国等发达国家军队训练的主要模式之一。有关虚拟战场的研究方兴未艾，随着构造虚拟战场所需关键技术的进一步成熟，虚拟战场将成为 21 世纪初各国军队的主要训练方式之一。

二、虚拟合成自然场景

　　虚拟自然场景是虚拟战场以及分布式虚拟环境的重要组成部分，其逼真程度、交互性能直接影响虚拟现实系统的沉浸感和系统仿真的真实性。

近年来，虚拟自然场景（Synthetic Natural Environment，SNE）研究出现了新的发展趋势。虚拟自然场景的综合程度越来越强，所涉及的范围越来越宽。它所涉及的范围不仅包括地形地貌模型、气象模型、海洋模型，甚至还涉及声音模型。美国早期的 SIMNET 和 CCTT（Close Combat Tactical Training）系统都建立了一定规模的合成自然环境，通过网络连接起来的各种仿真实体在同一个合成自然环境中进行各种复杂任务的模拟和演练。由于侧重于地面仿真，早期的合成自然环境主要由地形地貌模块组成，较少涉及自然环境中存在的气象和人文因素。美国 STOW 计划的合成自然环境具有区域广、精度高、特征丰富等特点，并且在地形地貌的基础上增加了气象、烟尘等环境因素。其中，美国 AFRL 的 EOTDA（Electo-Optical Tactical Decision Aid）Server 和 Weather Server 可以基于某一时段和区域的气象数据，生成合成自然环境的气象模块 TAOS（Total Atmospheric Oeean Services）。美国的 JETS（JSIMS Environment Tailor System）是 JSIMS 系统的环境动态管理模块，它能够每隔 15min 从分布在全世界的 15000 个采样地点提取并处理各种最新环境因素数据，并且它们建立或更新合成自然环境的状况。其中的 METOC（Meteorological and Oeean ographical）数据，已经应用于 UE-98-1JWARS 等系统中。最近美国军方的 JWARS 系统建立了一个虚拟海洋声音环境（ocean acoustic environment），并已经应用于包括海军潜艇在内的军事仿真训练和学习，主要有反潜环境模型、地理环境变化模型等内容，研究成果已经应用于美国海军战场演练系统的实时合成自然环境中。最近美国军方对合成自然环境的天空层的各种因素进行了细化，将大气层分为对流层、同温层、中间层、电离层、辐射层和电磁层，并研究了不同层次对分布式虚拟环境的各种实体的不同影响。

　　合成自然环境对虚拟现实系统及其各种实体对象具有广泛的影响。在环境信息来源广泛、数据类型繁杂的情况下，分布式虚拟环境的数据库研究必须包括数据库在分布式虚拟环境体系架构中的组织模式、合成自然环境的数据表示和动态修改、环境数据一致性及其区域管理等。另外，必须考虑合成自然环境中的各种因素对现场实体、虚拟实体、计算机生成实体的影响与作用。AFRL 的 EOTDA（Electo-Optical Tactical Decision Aid）Weather Server 重点研究了合成自然环境中的气象因素和作用，基于某一时段和区域的气象数据，生成了合成自然环境的气象模块 TAOS。同时通过 DVW（Dynamic Virtual Worlds）来实现 TAOS 气象因素对环境能见度和仿真实体的影响。例如，虚拟战场中某一型号的 CGF（Computer Generated Force）导弹在不考虑气象影响的情况下，能检测到 60km 以内的 T-72 型虚拟坦克；如果考虑气象的影响，在 EOTDA 的作用下 CGF 导弹只能发现 54km 以内的坦克。

　　合成自然环境数据描述与交换规范成为研究热点。随着合成自然环境的综合性越来越强，人们为了实现各种合成自然环境数据的表示、交换、重用和共享，支持各种训练、分析、评测等应用，要求分布式虚拟现实系统能够有效地提取和组织合成自然环境的各种信息数据。所以正在研究基于 HLA 的合成自然环境数据服务模式，探索合成自然环境数据的表示方法、组织形式、运行方式等，其中面向合成自然环境的数据库技术是当前的研究热点。另一方面，人们也一直在研究合成自然环境的描述和交换技术缓期标准（SEDR-IS），主要包括数据表示模型（Data Representation Model，DRM）、环境数据编码规范（Environmental Data Coding Specification，EDCS）、空间参考模型（Spatial Reference Model，SRM）、SEDRIS 接口规范等。事实上许多国家的研究和应用机构已经采用 SEDRIS 作为其合成自然环境的描述和交换规范。

　　总之，虚拟自然场景（合成自然环境）技术的研究是虚拟现实技术的重要组成部分，国内外研究机构与人员都十分关注它的发展，面对人们越来越高的应用需求，它的应用领域在不断扩大。

比如要开发导弹视景仿真系统的话，一般要通过建立导弹的数学模型，包括动力学与运动学模型，同时建立当地的大气模型和发动机推力等模型，外加一定的控制方程，在给定初始条件下，采用一定的仿真算法（一般是积分算法）和仿真步长，对导弹飞行的全过程进行仿真，得到导弹在任一（仿真）时刻的位置与姿态，以及导弹的飞行轨迹。导弹弹道仿真系统一般包括坐标系变换模块、飞行环境模块、气动力模块、动力学模块、控制模块和毁伤概率及评估模块等。

导弹视景仿真系统得到的结果（位置、姿态与点火时间等）通过 SBS 实时网络传送到视景系统计算机，驱动视景仿真和动态数据显示计算机实现动态数据的实时显示，从而构成一个较为完整的飞行仿真系统。

第四节　虚拟现实视景仿真技术的应用

由于需求以及技术的进步，虚拟仿真技术的应用在近些年发展迅速，其应用领域已由过去的航天、航空、军事模拟训练发展到包含建筑、交通、医疗、教育、娱乐、艺术、体育、反恐训练等领域。

航天航空与军事仍是虚拟仿真的支撑应用领域之一。比如：在美军研制联合打击战斗机（JSF）的发展阶段，两家主要合同制造商波音公司及洛克希德–马丁公司均选择采用虚拟仿真技术研制虚拟原型机的方案。虚拟原型机能够使两家公司无须制造真正的原型试验机即可获得宝贵的数据。

汽车、建筑等的设计仍大量需要虚拟仿真技术的支撑，这也是虚拟仿真的传统应用领域之一。设计师们往往需要通过虚拟仿真技术观察他们设计的效果，包括外观效果、动力性能以及使用方便性等。特别是在设计师设计出的东西投入生产前，用户需要考察设计的好坏时，往往需要借助虚拟仿真技术生成一个虚拟大厦，并通过虚拟现实交互手段，支持用户在其中的漫游。

体育是虚拟仿真的一个新的应用领域。以虚拟仿真为技术手段，可以把真实的运动数据结合科学的体育理论以生动、直观的形式表现出来。同时可以在虚拟仿真平台上试验各种新的训练手段与方法，从而为体育理论研究提供一种新的经济高效的技术手段。

应急处理训练是虚拟仿真的最新、也是非常有发展前途的一个研究方向。虚拟仿真是采用高科技手段训练指挥人员快速反应指挥能力、救援人员救援方法与技能的一个典型实例。StateRail 是澳大利亚最大的列车客运系统。继"9·11"之后，如何提高员工的应急处理能力已成为 StateRail 当局关心的头等大事。1999 年，StateRail 与 SGI 和墨尔本 RMIT 大学合作，成立一个项目研究与开发小组，为 StateRail 员工训练研制一种虚拟仿真系统。该系统使用 SGI Onyx 系列图形超级计算机（带 24 个处理器，12GB 内存，6 个图形管道）作为实时渲染平台。共使用了两套 Reality Center 显示屏幕，一套屏幕采用 5.5m（18ft）直径的环形屏幕，另一套使用 7.3m（24ft）直径的环形屏幕。两套屏幕均能够以 160°视野显示图像。系统开发了一套沉浸式训练想定生成系统，有大屏幕的房间提供一个训练房间，用于操作一个火车，并与想定交互。采用 Reality Center，能够生成一个现实世界根本就不会发生的情况。驾驶员、保安、信号员、轨道工人以及站台工作人员都能够安全地学习如何面对火灾、爆炸等紧急情况，并做出快速正确的反应，避免撞上可能威胁生命或财产的旅客、落石或其他障碍物。

在交通运输部门，效率与安全通常是当局需要考虑的两大问题。虚拟仿真系统能够帮助交通运输部门更有效和更高效地满足质量控制的需要。员工们也能从逼真的训练环境中快速获得知识与技能。不管是铁路、道路、船运或空运交通网，虚拟仿真系统都能够提供一个十分逼真的训练环境。该环境能够用于演练日常过程，并对不可预见的危险进行响应，例如铁路信号灯故障、铁轨被洪水摧毁、火灾以及轮船在危险情况下停靠海岸的过程等。

在石油与天然气勘探/开采部门，由于工作环境十分复杂，满足安全需要的训练与考核将非常困难，费时费钱，虚拟仿真系统可以提供一套安全的、高效的训练想定环境，包括事故的重建。

第四章 虚拟视景系统中的仿真建模技术

系统仿真是通过对所研究系统的认识和了解，抽取其中基本要素的关键参数，建立与现实相对应的仿真模型，通过计算机手段对该系统模型进行仿真运行和仿真实验，模拟实际系统的运行过程，对仿真过程进行观察和输出数据的统计分析，提取其重要的性能测度，可用以推断所研究系统的真实参数和性能。为了创建一个能使用户感到身临其境和沉浸其中的环境，必要条件之一就是根据需要能在虚拟现实系统中逼真地显示出客观世界中的一切对象。不仅要求所显示的对象模型在外形上与真实对象酷似，而且要求它们在形态、光照、质感等方面都十分逼真。虚拟环境的建模是建立整个虚拟现实系统的基础，主要包括三维视觉建模和三维听觉建模。其中视觉建模包括几何建模、运动建模、物理建模、对象行为建模以及模型分割等。虚拟环境的场景规模越大，人们对交互实时性、场景真实性的要求也就越高，实时性和真实性要求向研究者们提出了巨大挑战，实时虚拟环境建模技术因此自始至终成为虚拟现实视景仿真系统的研究热点。

第一节 仿真建模中的常见技术

仿真模型的建立是构造仿真系统的基础和关键技术。一个完善的仿真系统应该包括能够反映现实世界的各种模型。模型是指对于客观对象的特征及变化规律的表示和抽象。一般可将虚拟环境中的对象模型划分为两大类：一类是几何模型，用于描述对象的外观和形状；另一类为非几何模型，为更加真实地模拟现实世界，除了需要描述虚拟环境中对象的几何特征外，还需描述它们的非几何特征，如运动特性、物理特性和行为特性等。另外从应用和功能的角度，也可以将仿真模型划分为实体、过程和环境三种。实体模型用来描述各种应用实体，如车辆、飞机、设备和兵力等；过程模型用来描述各种物理场（电磁场、水声场等）和物理过程；环境模型用来描述地形、气象和海洋形貌等。这里主要考虑虚拟视景仿真系统中的几何建模问题。

几何建模的方法很多，可以使用的工具也很多。三维建模工具大体上可以分为两类：一类是如 OpenGL 等程序语言建模工具，它是用编程语言编写模型的，使用这类工具建模工作量大，不直观；另一类是如 3D MAX、Creator 等非编程语言建模工具，使用这类工具建模快捷、方便、直观。在专业三维模型制作软件中建成的模型实体，可通过 OpenGL、OpenGVS 及 Vega 虚拟视景驱动软件来调用或驱动融入实时仿真系统中，使之更加形象化、可视化、具体化，具有很高的科研和商业价值。

在虚拟视景仿真系统中，业界通常大都是使用美国 MPI（MultiGen-Paradigm Inc.）公司的仿真建模工具 MultiGen Creator、MultiGen Creator 系列软件是新一代实时仿真建模软件，是世界领先的实时三维数据库生成系统，为客户提供了一整套的视景仿真解决方案。MultiGen Creator 在满足实时性的前提下生成面向仿真的、逼真性好的大面积场景。它可为 25 种不同类型的图像发生器提供建模系统及工具，它的 OpenFlight 格式已成为实时三维领域最流行的图像格式及仿真领域的行业标准。它有不同的版本以适用于一系列系统和平台。它拥有针对实时应用优化的 OpenFlight 数据格式，强大的多边形建模、矢量建模、大面积地形精确生成功能，以及多种专业选项及插件，能高效、最优化地生成实时三维数据库，并与后续的实时仿真软件紧密结合，在视景仿真、模拟训练、城市仿真、交互式游戏、工程应用及科学可视化等实时仿真领域有着世界领先的地位。

下面通过多种几何建模的实例来说明在构造复杂仿真物体时的一些关键技术和应注意的一些相关问题。

一、实例化技术

对于仿真场景中大量的具有相同或者相似特性的物体，可以采用 Multi-Gen Creator 中的实例化技术。例如，可以利用 MultiGen Creator 提供的 Instance 实例技术生成大量的树木，采用实例技术，所有同类的树木共用同一个纹理，内存仅调用一次，不仅节约了系统资源，还可以大大加快显示速度。在同一个工程中，使用一个实例就可以建立全部的一行树，对于窗户、阳台、路灯、交通灯等重复多次的物体都可以使用实例。

实例化技术的处理方法主要为矩阵变换，它牺牲了时间，换得了内存空间。三维空间中物体的几何变换矩阵可用 T_{3D} 表示，平移、旋转、缩放可以表示为统一矩阵乘形式，其表示式如下：

$$T_{3D} = \begin{vmatrix} a_{11} & a_{12} & a_{13} & a_{14} \\ a_{21} & a_{22} & a_{23} & a_{24} \\ a_{31} & a_{32} & a_{33} & a_{34} \\ a_{41} & a_{42} & a_{43} & a_{44} \end{vmatrix} \qquad (4.1)$$

T_{3D} 从变换功能上可被分为 4 个子矩阵，其中 $\begin{vmatrix} a_{11} & a_{12} & a_{13} \\ a_{21} & a_{22} & a_{23} \\ a_{31} & a_{32} & a_{32} \end{vmatrix}$ 产生比例、

旋转等几何变换；$[a_{41} \quad a_{42} \quad a_{43}]$ 产生平移变换；$\begin{vmatrix} a_{14} \\ a_{21} \\ a_{34} \end{vmatrix}$ 产生投影变换；$[a_{44}]$

产生整体比例变换。由此可推导出每种变换矩阵。

（一）平移变换

若对象位置为点 $P(x, y, z)$，目标分别在三个轴方向上平移 T_x，T_y，T_z 位置，则平移变换矩阵为：

$$[x´ \quad y´ \quad z´ \quad 1] = [x\,y\,z\,1] \begin{vmatrix} 1 & 0 & 0 & 0 \\ 0 & 1 & 0 & 0 \\ 0 & 0 & 1 & 0 \\ T_x & T_y & T_z & 1 \end{vmatrix} = [x + T_x \quad y + T_y \quad z + T_z \quad 1]$$

$$(4.2)$$

（二）比例变换

若缩放比例为 (S_x, S_y, S_z)，比例变换的参考点是 $F(x_f, y_f, z_f)$，则变换矩阵为：

$$[x´ \quad y´ \quad z´ \quad 1] = [x\,y\,z\,1] \begin{vmatrix} S_x & 0 & 0 & 0 \\ 0 & S_y & 0 & 0 \\ 0 & 0 & S_z & 0 \\ 0 & 0 & 0 & 1 \end{vmatrix} \qquad (4.3)$$

相对于参考点 $F(x_f, y_f, z_f)$ 作比例、旋转变换的过程分以下三步：

（1）把坐标系原点平移至参考点 F；

（2）在新坐标系下相对原点作比例、旋转变换；

（3）将坐标系再平移回原点。

（三）绕坐标轴的旋转变换

在右手坐标系下，相对坐标系原点绕坐标轴旋转 θ 角的变换公式如下。

（1）绕 x 轴做旋转变换：

$$
\begin{bmatrix} x' & y' & z' & 1 \end{bmatrix} = \begin{bmatrix} x & y & z & 1 \end{bmatrix} \begin{vmatrix} 1 & 0 & 0 & 0 \\ 0 & \cos\theta & \sin\theta & 0 \\ 0 & -\sin\theta & \cos\theta & 0 \\ 0 & 0 & 0 & 1 \end{vmatrix} \tag{4.2}
$$

（2）绕 y 轴做旋转变换：

$$
\begin{bmatrix} x' & y' & z' & 1 \end{bmatrix} = \begin{bmatrix} x & y & z & 1 \end{bmatrix} \begin{vmatrix} \cos\theta & 0 & -\sin\theta & 0 \\ 0 & 1 & 0 & 0 \\ \sin\theta & 0 & \cos\theta & 0 \\ 0 & 0 & 0 & 1 \end{vmatrix} \tag{4.2}
$$

（3）绕 z 轴做旋转变换：

$$
\begin{bmatrix} x' & y' & z' & 1 \end{bmatrix} = \begin{bmatrix} x & y & z & 1 \end{bmatrix} \begin{vmatrix} \cos\theta & \sin\theta & 0 & 0 \\ -\sin\theta & \cos\theta & 0 & 0 \\ 0 & 0 & 1 & 0 \\ 0 & 0 & 0 & 1 \end{vmatrix} \tag{4.2}
$$

MultiGen Creator 中采用了实例化技术，例如外部引用技术也就是一种典型的实例化技术，可以在一个模型系统中引入其他子模型，通过 MultiGen Creator 中的平移和缩放工具将其调整到系统中的合适的位置，而整个模型的数据总量不会增加多少。

采用内存实例化的主要目标是节省内存，从这个意义上说内存占用少，显示速度会加快。但同时由于物体的几何位置要通过几何变换得到，所以当实例对象增多时，系统运算量将增大，过多的计算会导致系统运行速度的降低，影响系统实时性。

二、自由度技术

在进行仿真时，很多时候模型自身有些固定的动作。例如直升机飞行时螺旋桨的旋转动作；驱逐舰发射鱼雷时鱼雷管的旋转动作等。若在仿真环境中逐一设置的话，会使系统的设计过于复杂。针对这些要求，可以利用自由度工具预先在模型建造时就设计好固定动作，进入到仿真环境时，只需要简单地调用或者用事件触发控制就可以实现这些设计好的固定动作，在进行几何建模的同时就完成这样的任务。

在某航空发动机虚拟模化教学实验系统设计中，涉及了大量的传动轴、转子、叶片的联结转动，在人机交互的虚拟装配过程中还需要使用数据手套，需要设置手指的自由度等，这就要利用自由度（Degree of Freedom，DOF）技术给三维模型添加动态效果，DOF 技术可使模型对象具有活动能力，还可控制它的所有子节点按照设置的自由度范围进行移动或旋转运动。DOF 节点属性具有继承性，以保证所有子节点的运动都能做符合逻辑的运动。

三、模型细节层次技术

细节层次（Level of Detail，LOD），即细节的详细程度。细节层次是指同一个模型的不同版本，它们具有不同数目的多边形数目。现实中，同一个物体，当在不同的距离观看它时，视觉效果是不一样的。当距离很近时，看到的最细致，称之为高等细节；随着距离的增加，所见得越来越模糊，称之为中等细节；当距离很远时，只能看到物体的轮廓，称之为低等细节。为了更好地实现三维复杂模型的实时动态显示，可以将三维物体用多种不同的精度表示，并根据观察点位置的变化选择不同精度的模型予以成像。当模型运行时，不同的细节层次的模型切换，既可增加模型的真实性，又可减少多边形数目，从而保证模型的实时性。

比如说一架飞机，在近处时，可以看得见机身的铆钉、涂装、机舱仪器，甚至还可以看见驾驶舱内的驾驶员。而如果飞机离远后，或在有雾有烟的环境下，像涂装、机身号码这些细节会变得模糊起来甚至于因太小而可忽略，这时识别飞机的主要依据只剩下它的机身了。而就是机身，随着离视点越来越远，其形状也变越来越简单。因此，对于距观察点远近距离不同的同一个物体，如果总是采用同一个数据模型来参与视景的生成是很不科学的，也是对计算机资源的极大浪费。LOD 技术正是根据这一视觉特点，为同一个物体建造一组详细程度有别的几何模型。计算机在生成视景时，根据该物体所在位置离视点距离的大小，分别调入详细程度不同的模型参与视景的生成。这样避免了不必要的计算，既能节约运算时间，又不会降低视景的逼真程度，使计算的效率大大提高。

系统建模中程度细节 LOD 技术是常用的建模技巧，通过使用带有不同程度细节的模型来提高实时系统响应速度。LOD 技术是一组代表模型数据库中同一物体，而又具有不同细节程度的模型对象，不同细节程度版本模型的多边形复杂程度也不一样，细节程度越高模型对象所包含的多边形数量也就越多。在系统视景仿真运动过程中，实时系统会根据当前视点位置距模型对象的距离选择其中的一个 LOD 来显示模型对象。具体而言，如果视点离物体较远，则使用由多边形数量较少的低 LOD 显示模型对象，随着视点向物体移动，实时系统会逐渐用越来越复杂的 LOD 代替，反之亦然。因为每一个实时系统能显示的多边形数目都是有限的，所以使用 LOD 技术可以有效提高模型数据库的多边形利用率，在有限的情况下取得最佳视觉效果。但目前还没有对所有模型都适用的设定 LOD 范围的公式，许多因素都影响模型 LOD 的转变，如颜色、对比度、形状和 LOD 渐变都会影响实际的转变范围。实际上有些应用程序更适合使用较小的 LOD 范围值。自动计算 LOD 范围属性提供了10 个可用的设定值，不同的值会根据模型的尺寸计算最佳的 LOD 转变范围，该值设为 0 则会使转变范围非常接近视点，设为 9 则会远离视点，设为 -1（off）则不设定转变范围。

（一）不同层次细节显示和简化原理

层次细节显示和简化技术就是在不影响画面视觉效果的条件下，通过逐次简化景物的表面细节来减少场景的几何复杂度，从而提高绘制算法的效率。该技术通常对一个原始多面体模型建立几个不同逼近程度的几何模型。与原模型相比较，每个模型均保留一定层次的细节。在远处观察物体时，则采用较粗糙的模型，这样对于一个比较复杂的场景而言，可减少场景的复杂度，同时生成的真实图像的质量的损失还可以在用户给定的阈值内，而生成图像速率可以大幅度提高。这就是不同层次细节显示和简化原理。需要注意的是，层次细节显示和简化技术的研究主要集中于如何建立原始网格模型的不同层次细节的模型以及如何建立相邻的多边形网格模型之间的几何形状过渡。对于原始模型的不同层次的建立，从网格的几何级拓扑特性出发，存在着三种不同的基本操作。

1. 顶点删除操作

删除网格中的一个顶点，然后对与它相邻的三角形所形成的空洞作三角剖分，以保持网格的拓扑一致性。

2. 边压缩操作

把网格上的一条边压缩为一个顶点，与该边相邻的两个三角形退化，而它的两个顶点融合为一个新的顶点。

3. 面片收缩操作

把网格上的一个面片收缩为一个顶点，该三角形和与其相邻的三个三角形都退化，而它的三个顶点收缩为一个新的顶点。

在建立原始场景的不同层次细节的模型时，所建立的模型必须有一定的层次，相对于原始网格，它们之间的误差是逐步递增的，这样的模型才可以用于层次细节的显示。

建立相邻层次的多边形网格模型之间的几何形状过渡，基本方法就是通过插值对应网格基本元素之间的对应关系。对于顶点删除操作和面片收缩操作，用被操作的对象与其相邻的基本元素之间建立对应的关系，而对于边删除操作，只要简单地把压缩边上的两点与压缩后的新点建立对应关系。有了这些对应关系后，通过插值的方法来实现光滑过渡。

(二) 为物体建造一组详细程度不同的模型

这一步的关键实际上是数据模型的简化。有关数据模型简化的方法有很多种，用户可以根据不同应用领域的特点来选择不同的简化方法。在实际使用中可以在仿真建模时，预先进行模型的简化工作。

通过利用一定的简化方法对相应的目标进行简化分级形成一组详细程度有别的 LOD 数据模型。将这一组 LOD 模型根据细节的详细程度从多到少进行排序，并用序列号（1，2，…，n）给以标识，以便计算机进行选择。同时简化的对象可以不单指一个目标，也可以对该目标下的各个子目标也建立相应的 LOD 模型组。比如不仅可以对飞机机身这样的大物体建立一组 LOD 模型。同样也可以根据实际的应用需要对飞机轮胎、机舱仪器等建立各自的 LOD 模型组。有关分级数的大小和每一级数据模型的细节详细程度，也可根据需要来确定。

由于常用软件所构造的物体模型或者用科学计算可视化技术产生的模型往往是比较精确的复杂模型，因此构造一个物体的多种不同细节层次模型非常复杂。复杂模型的简化技术可以分为两类。

1. 几何简化方法

例如让多个相邻的共面的三角形合并为一个多边形，将一个厚度不大的物体用一个双面可见的平面片来代替等。

2. 变换法

当前使用较多的是采用小波变换来得到几何模型的多精度表示。其优点是能在简化的模型中较好地保持原模型的局部特征。但不是任意形状的复杂模型都能应用小波变换技术予以简化，小波变换技术只是应用于那些可以用层次结构来表示的模型。

这里采用第一类的几何简化方式，主要介绍使用美国 MultiGen Paradigm 公司仿真建模工具软件 Creator 进行 LOD 细节层次模型的建造。建立 LOD 模型的具体步骤如下：

(1)数据库等级排列区域（Hierarchy），以 g2 为根（Parent），用 Create 工具箱中的 Create LOD 建立四个细节层次 LOD 节点。

（2）整个飞机分别复制到四个节点。例如，设 high 节点为根，把 g101 复制到 high 节点了，取名为 g102。

（3）将 high 节点中的 g102 模型进行多边形删减和简化，分别得到中等细节和低等细节的细节层次。同理，依次可以得到 med 节点 g103 和 low 节点 g104。

（4）双击各个细节的节点，就可以在 LOD attribute 中设定其使用距离范围了。在什么距离范围内取哪个细节，是可以设定的。在建立几何模型时，要提前做出不同细节层次的模型，并设定每个模型的使用距离范围（包括转入距离和转出距离）。根据实际情况，视距分别设置为 0~100m、100~400m、400~1000m 以及 1000~4000m。

（三）建立模型与视距间的关系约定

通过计算视点与目标中心点间的距离，可以得到目标的视距，为每一个目标建立一个有关视距的阈值，用阈值把视距划分为不同的视距段。在选择 LOD 模型参与视景生成计算时，首先判断目标的当前视距处于哪个视距段，再找到该视距段所对应的该目标 LOD 数据模型的标识号调用标识号所指向的 LOD 模型来代表参与该目标与视景生成，还可以在最近和最远处增设两个视距段，当视距小于最近视距段或大于最远的视距段时，认为该目标处于不可见位置，不将该目标的数据模型参与视景的生成。需要注意的是，当视点连续变化时，在两个不同层次的模型之间就存在一个明显的跳跃，有必要在相邻层次的模型之间形成光滑的视觉过渡，即几何形状过渡，使生成的真实感图像序列在视觉上是光滑的。为减小两个 LOD 模型间视觉上的跳跃现象，建立相邻层次的多边形网格物体之间的几何形状过渡，基本的方法就是通过插值对应网格基本元素的位置来实现光滑过渡。在实际应用中，线性插值就可以很好地达到预期的效果，可采用透明技术在视景生成时将相邻的两个 LOD 模型进行加权融合，即当初距处于视距段的交接线时，同时采用两个 LOD 模型参与计算，使用透明的效果来生成一个过渡模型，以减小在切换相邻的两个 LOD 模型时视觉上的跳跃现象，当然这会增加计算量。

对于飞行模拟用的大地形来说，采用 LOD 技术，先将整个大地形按位置划分为多个区域，并为每个区域设定适当的可见距离，再把每个区域按位置划分为若干更小的小区域，并对每个小区域也设定适当的可见距离，这样系统在实时显示时，根据区域距离视点的远近和视线方向，就可以调用合适的模型进行绘制。

四、实时动态绘制技术

自然现象的生成与模拟是计算机图形学的一个热门课题。烟火爆炸、闪电火光、瀑布浪花、飞沙尘埃、花草树木等动态图像的生成，在航空航天、影视广告、装潢设计、虚拟视景中有着广泛的应用。自然现象常具有极其丰富的表面纹理和不规则的表面外形，使得仿真难度加大，如何简化且有效地模拟如火焰、烟尘、雾气和云彩等自然现象成为计算机真实感图形生成的关键技术。与规则几何体不同，自然现象的表面往往包含有丰富的细节或具有随机变化的形状，它们很难用传统的解析曲面来描述。对于火、烟雾等自然现象的模拟，有如下几个特点：

（1）景物不真实：火、烟雾的外观形状极不规则，表面不光滑且极其复杂与随意，并随时间的推移不断发生变化，因此很难用经典的欧几里得几何学描述，如果用直线、圆弧和样条曲线等去建模，则模拟的景物很不真实，逼真度非常差。

（2）形状难以描述：火、烟雾等是自然界中常见的景物，几乎人人都知道这类景物是什么样子的，但是很少有人能准确地将其形状描述出来。

（3）干扰因素多：火、烟雾等气体现象的运动极其复杂，如火焰忽隐忽现、烟雾袅袅上升、云变幻莫测。它们的运动在受到风、气压、温度和复杂的周边环境等种种因素的干扰后更加难以预测、难以准确描述。

下面给出基于动态纹理实时绘制技术的自然现象动态模拟方法，这将有效改善在自然现象的生成与模拟中的实时性和真实感问题，有助于提高系统的实时显示速度。

（一）自然现象实时动态绘制技术

动态纹理是指描述某种动态景观的具有时间相关重复特征的图像序列，它们在自然界中广泛存在，比如海浪、瀑布、飘扬的旗帜、飞翔的鸟群等。其纹理视频的长度可以控制，内容也是随机平滑变化的，最简单的实现方法是循环播放一段纹理的视频，即视频纹理方法。动态纹理是一种基于图像的绘制方法，通过对输入图像序列进行学习，然后生成新的、无限长的图像序列，与原序列在视觉上十分相似，能够生成新的帧，生成的图像序列不但具有很强的真实感，还具有一定的可编辑性。与静态纹理不同，动态纹理不仅在单帧上有静态随机性，而且在整个视频中还具有时域相关性。首先定义一个动态纹理，然后进行动态纹理的学习、识别和合成。动态纹理技术可对合成的纹理进行四种编辑：改变尺度、改变速度、在时间轴上反向和改变强度，但反向和改变强度容易产生明显的人工痕迹。在真实感绘制的要求下，一般只对纹理的尺度和速度进行编辑，在场景绘制时，当可见性剔除和基于对象的多分辨率层次细节简化 LOD 不能满足高复杂模型的实时绘制时，动态纹理方法比较适用。

动态纹理的实际应用中，采集来用作原始图像序列的素材，有的是图像形态发生变化，如后面将写到的喷泉、烟雾；有的是图像颜色、亮度和形态同时变化，如将要写到的火焰。根据这些素材本身的颜色特点，选择通道：对于没有颜色差异的灰度图像（烟雾），可以仅用一个通道完成整个动态纹理合成的全过程；颜色丰富的图像序列可以采用将其转化为 RGB 颜色空间，三个通道分别生成动态纹理，然后再合成；像火焰这样亮度也发生了极大变化的图像序列，可选用 HSV 颜色空间。这样处理的目的是尽可能减小通道之间的数据的相关性。

　　动态纹理既然称作为纹理，就是在图像序列生成以后，最终是要作为纹理映射到虚拟现实的场景中去应用的，也就是图像的融合。在此，将整个的场景作为后图层，动态纹理作为前图层，然后将生成的动态纹理的图像序列滤除背景，最后将图像序列以纹理方式映射到景物所在的区域。滤除背景是将图像中主体（如火焰、喷泉）以外的像素（黑背景）设为透明。对已生成的动态纹理序列的每一个像素点作处理，如果该点的三个通道的数据值分别小于某一个值（a，b，c），则将该点的 a 值（不透明度）设为 0（完全不透明），反之将其值设为 1（完全透明）。

（二）　自然现象的动态仿真模拟

1. 火焰的动态仿真模拟

　　目前建立火焰的几何模型的方法很多。基于粒子系统的方法可以很容易地生成"运动模糊"的现象，并且绘制方法简单，但是很难支持火的光照模型，而且需要大量的粒子，影响系统的速度。而基于粒子系统与动态纹理结合的方法可以生成真实感强的图像，与基于动力学原理的动态模型相结合，既可以方便地融入动态物理特性，又可以很好地支持光照模型。

　　想要模拟出逼真的火焰效果，分析火焰显示的如下细节和特点：

　　（1）火焰有五彩缤纷的颜色，同一团火焰，颜色也会发生变化。

　　（2）火焰有不同的形状，某些火焰有特殊的显示效果，有的火焰闪烁，有的火焰旋转，有时还会出现火舌等效果。

（3）每团火焰显示的位置和大小不同，每团火焰绽放的速度、持续的时间不同。

（4）焰火是慢慢地消失的。

考虑到上述火焰显示的特点，对火焰的旋转、火舌等特效进行模拟，火焰粒子由粒子系统生成，火焰粒子的属性有大小、颜色、透明度、位置、速度、生命期、大小变化率、颜色变化率和透明度变化率等，火焰粒子的生成区域为 XOY 平面上圆心在原点的圆形区域，在生成时它的各个属性被初始化。粒子的速度和位置在发生变化时，粒子的颜色、大小、透明度等也同时发生变化，在模拟中粒子模块由 CParticle（）类实现。粒子更新经过如下的过程：

（1）判断火焰粒子的年龄是否超过生存期（粒子的年龄+粒子的生存期）；

（2）如果超过生存期，该火焰粒子死亡，跳出 Updata（）函数，如果没有超过生命期，继续下面的步骤；

（3）更新火焰粒子的速度和位置属性；

（4）判断火焰粒子是否在动态运动场的作用空间内；

（5）如果在动态运动场的作用空间内，则改变火焰粒子的位置，如果不在任何动态运动场的作用空间内，则火焰粒子的位置保持不变；

（6）更新火焰粒子的颜色、大小和透明度等属性。

采用多张火焰粒子连续变化的纹理图片作为纹理样本来进行纹理映射，在每张纹理图片内部都体现了这些火焰现象。

2. 烟雾的动态仿真模拟

烟雾的动态仿真模拟用烟雾粒子，烟雾粒子具有如下特点：

（1）烟雾粒子的浓淡分布一般是中心对称的，且烟雾粒子没有固定形状，因此从任何方向看，烟雾粒子的形态应基本相同；

（2）烟雾粒子的运动具有相似性，即烟雾粒子一般都经历生成、变形扩散和消失的过程。

为了实现烟雾的粒子系统，创建了粒子类 CParticle（）和烟雾类 CSmoke（）。其中烟雾类是粒子类的派生类，CParticle（）描述粒子的基本属性，包括粒子的位置坐标、初始速度、颜色、生命周期等，CSmoke（）实现烟雾的主要类，描述基本粒子集合的变化规律，如粒子位置、生命、速度等的变化。

为增强烟雾的真实感，在对烟雾粒子进行纹理映射时，很难避免公共边的接缝，特别是粒子较大时，会影响烟雾的视觉效果。

由于烟雾粒子的运动具有相似性，因而可将烟雾粒子的运动变化用一组动态纹理来描述。

为增强烟的真实感，在烟雾粒子的绘制中，采用了对烟雾粒子的透明度进行随机扰动的方法，以增强烟雾扩散的视觉效果。烟雾的透明度的计算方法为：

$$\mathrm{Alpha} = 1.0 - (r + g + b)/3.0 + 0.1 \times Rand(\ )$$

其中，Alpha 是纹理的透明度；r、g、b 分别是纹理的颜色分量。

3. 喷泉的动态仿真模拟

喷泉属于不规则物体，且可认为是由无数水珠组成的。它具有如下性质：

（1）水珠粒子：具有空间位置、速度、加速度、大小、颜色、材质、纹理、寿命、生命耗损因子9个属性，它是构成喷泉的最小粒子单位。

（2）水柱：在随机过程作用于水珠粒子各属性后形成的，具有相同初始喷射方向的水珠粒子集合，可理解为喷泉喷口喷射出的一条水线。

（3）喷泉体：由一定数目的水柱构成的集合。

（4）喷泉基本模型：由一定数量的水柱构成的集合。它的总体形态近似于由抛物线绕垂直于地面的 Z 坐标轴旋转一周形成的旋转体的喷泉模型。

（5）喷泉扩展模型：基于喷泉基本模型的建立方法所构建的形态更为复杂的喷泉模型。下面将粒子系统和动态纹理技术相结合，模拟喷泉水流效果。

程序主要由两个类来完成，分别是粒子类 CParticle（）和喷泉类 CFountain（）。CParticle（）主要由水珠的参数及两个构造函数组成，每一个 CParticle（）实例代表一个水珠粒子。CFountain（）是实现喷泉的主要类，绝大部分的工作由这个类完成，如为喷泉体所需的粒子开辟内存空间、实现动态设置喷泉有关参数的接口函数、喷泉体的绘制等。

OpenGL 除了支持渲染到屏幕外，还支持脱屏渲染，即允许生成逼真的画面或产生高质量的图像输出。可以将这些图像保存到文件中以便其他应用程序调用。由于喷泉体是在随机过程作用下形成的，因此具有不规则性、杂乱性，这使得捕获一定帧数的喷泉图像后，将这些图像作为纹理连续循环播放时，在头尾衔接处不会产生跳帧现象，否则会使纹理在显示内存中所占资源过多。实验证明，大概渲染 15 帧的纹理图即可实现头尾衔接处平滑过渡。将喷泉模型渲染成纹理文件后，建立一个由两个三角形组成的矩形模型，将捕获的纹理映射到此矩形上，就形成了纹理喷泉模型。为了实现逼真的效果使用了以下三种技术：

（1）采用 Billboard 技术实现贴图，即实时更改该模型的朝向，使其始终面向漫游者，可让漫游者在各个角度都能看到该模型。

（2）用动态纹理实现喷泉的动画效果，OpenGL 中减少纹理的绑定次数会提高系统的实时性，将所有的纹理图像拼合成一张大的纹理图，在绘制的过程中一次绑定，通过每帧改变 Billboard 的纹理坐标来实现喷泉的动态效果。

（3）采用透明纹理。为了将纹理中背景色去掉，使用透明纹理技术。OpenGL 中可以利用融合实现透明和基于 Alpha 测试实现透明。在 RGBA 模式下，根据 Alpha 测试的结果确定接受还是拒绝一个片元，如果 Alpha 测试被激活，该测试将输入的 Alpha 值与参考值进行比较，根据比较结果决定片元是接受还是舍弃。参考值和比较函数均由函数 glAlphaFun（）来设置。例如，喷泉纹理图需要透明处的 Alpha 通道设置为黑色，否则设置成白色，在 Alpha 测试过程中，如果是黑色，则用背景色绘制，否则用纹理颜色绘制，从而实现了透明纹理。

（三）基于动画和纹理贴图技术的特效模拟

火焰特殊效果的设计是通过播放动画的方式现实的。一组连续的图像依次连贯地显示就形成了动画特效，然后通过火焰纹理的实时的替换生成火焰，形成火焰特效。

五、仿真建模中的注意事项

在实际工程应用中，开发研制任何一个虚拟视景仿真系统都存在着很多关键和应该注意的地方，在这里给出几个具有通用性的注意事项。

（一）模型的大小

在 Creator 下，单位应选择为 m（米），网格的一个单位就是 1m 了，这时它与诸如 OpenGVS，Vega 视景驱动软件场景中的单位长度一致，这就要求物体在几何建模的时候就按照真实尺度建造，这样才能保证场景中模型相互的真实比例关系。另外在建造复杂场景或者复杂设备的视景仿真应用系统时，有些模型文件可能会很大，占有几十兆字节甚至上百兆字节的硬盘空间，若不做处理，系统调入的时间往往会很长，这种情况是不允许的。如果把已经定型的模型文件存成二进制形式调入仿真系统，可大大减少调入时间。

（二）模型的方向

Creator 与诸如 OpenGVS，Vega 视景驱动软件的坐标系方向定义不同，这就要求众多模型在建造时放置方向保持一致，另外还要求必须考虑模型在 OpenGVS 类软件场景中运动时的方向角问题，坐标系方向和建造时放置方向这两点非常重要，否则在场景中的运动将会很混乱。

（三）模型的中心点

它直接影响着模型相互间的位置关系，因为仿真实体的运动数据是作用在模型的中心点上的，如直升机在攻击艇上的起落，攻击艇的中心点就要设在艇尾的停机坪上。

（四）模型的 DOF 节点

动态模型的运动形态像真实世界运动形态一样，例如坦克的炮塔要能转动，轮子要能够滚动，这就要通过 DOF 技术在模型建造时设置在节点上。

第二节　　自然场景常用建模方法

长期以来，国内外的学者们长期致力于自然场景建模方法的研究，其中既包括对于自然场景与景物的静态外观的建模，又包括动态变化过程的建模。下面列出一系列人们常用的、行之有效的建模方法。除了本节所列的建模方法之外，还有许多针对特定对象的建模方法，如采用样条的建模技术、基于噪声的纹理映射、湍流模型、滴状物模型等。每一种建模方法的数据表示各有特点，其相应的绘制方法也不尽相同。

一、分形模型

早在 19 世纪就已经出现了一些具有自相似特性的分形图形，但最初只是被看作一种奇异现象。20 世纪 70 年代，贝努瓦·蒙代尔堡（Benoit B. Mandelbrot）最早对分形进行系统研究并创立了分形几何这一新的数学分支。曼德尔布罗特（Mandelbrot）扩展了经典欧几里得几何中的维数，提出了分数维的概念。分形几何并不只是抽象的数学理论，而是具有广泛的应用。因此，分形几何在计算机图形学中，成为描述自然景物及计算机艺术创作的一种重要手段。

分形指的是数学上的一类几何形体，在任意尺度上都具有复杂并且精细的结构。一般来说分形几何体都是自相似的，即图形的每一个局部都可以被看作是整体图形的一个缩小的复本。例如，雪花曲线是一种典型的分形图形，生成方法如下：取一等边三角形，在每一边中间的三分之一处分别生长出一个小的等边三角形，重复上述过程就可以形成复杂的曲线。理论上来说，无限递归的结果是形成了一个有限的区域，而该区域的周长却是无限的，并且具有无限数量的顶点。这样的曲线在数学上是不可微的。

其中有一种分形建模技术值得特别注意，那就是迭代函数系统（IFS）。由 IFS 码绘出的分形图形具有无穷细微的自相似结构，它能对很多客观事物做出准确的反映，这种结构是难于用经典数学模型来描述的。只要变换选取适当，利用 IFS 就可以迭代地生成任意精度的图形效果，这也是其他绘制方法难以做到的。

（一）分形树的递归算法

算法设计：分叉树的生成元，利用递归算法生成分叉树，就是将这个生成元在每一个层次上不断重画的过程。

(二) 基于文法的模型

史密斯 (Smith) 介绍了一个描述某些植物结构的建模方法，这种方法最初是由林登迈耶 (Lindenmayer) 开发的。它通过使用图文法语言 (L 文法) 来描述，史密斯称它为 graftals。这种语言通过一个产生式集合组成的语法来描述，所有的产生式都至少用一次。总之，基于文法的 L 系统用于植物生长过程的模拟是非常成功的，为计算机真实感图形的绘制提供了一个有力的工具。此外，这种思想也被成功地应用到了电子线路设计、建筑设计以及自然现象模拟等许多方面。

二、粒子系统

1983 年，里夫斯 (Reeves) 发表了关于粒子系统的第一篇文章，他描述了粒子系统在火、爆炸和炮火建模中的应用。后来，陆续出现了各种各样的针对不同对象的粒子系统模型。

粒子系统的基本思想是采用许多形状简单的微小粒子作为基本元素来表示不规则模糊物体。这些粒子都有各自的生命周期，在系统中都要经历"产生""运动和生长"及"消亡"三个阶段。粒子系统是一个有"生命"的系统，因此不像传统方法那样只能生成瞬时静态的景物画面，而是可产生一系列运动进化的画面，这就使得模拟动态的自然景物成为可能。生成系统演化的基本步骤如下：

（1）产生新的粒子；

（2）赋予每一新粒子一定的属性；

（3）删去那些已经超过生存期的粒子；

（4）根据粒子的动态属性对粒子进行移动和变换；

（5）显示由有生命的粒子组成的图像。

粒子系统采用随机过程来控制粒子的产生数量，确定新产生粒子的一些初始随机属性，如初始运动方向、初始大小、初始颜色、初始透明度、初始形状以及生存期等，并在粒子的运动和生长过程中随机地改变这些属性。粒子系统的随机性使模拟不规则模糊物体变得十分简便。粒子系统的绘制效果，随着粒子数的大小而变化。为了使粒子系统更好地模拟物理现象，需要采用大规模的粒子集；而大粒子集导致粒子系统演化过程十分缓慢，而且绘制过程十分耗时。因此，在采用粒子系统进行建模时，往往需要权衡建模代价与绘制效果，选择合适的粒子集规模。

三、Procedural 模型

Procedural 模型能够通过与周围环境相互作用来设定自身参数的对象。

Procedural 模型是在运行时完整生成的，其确切信息是根据周围环境信息来确定的。如一个按指定的分割精度产生球面的多边形表示的球面模型是 Procedural 模型，因为其实际模型是由精确度参数所确定的，而一个由其顶点确定的多边形集合不是 Procedural 模型。

Procedural 模型最突出的优点之一是节省空间。说出"由 120 个多边形组成的球面"比逐一列出 120 个多边形要容易得多。

Procedural 模型不仅可以用于单一物体的建模，而且在增强场景细节方面具有十分重要的作用。如平坦的地面，可以在一定参数控制下产生一定的几何细节和纹理细节。

Procedural 模型具有的另一个重要优点是它具有与环境相互作用的能力。Procedural 模型一般实时生成，生成的过程中它既要考虑预先设定的参数，又要考虑周围环境的参数，因此具有极大的灵活性。Procedural 模型的思想，不仅用于单独建模，而且在许多建模方法和绘制算法中广泛采用了 Procedural 细节与 Procedural 纹理。

四、基于物理的建模

许多物体的行为和形状是由物体宏观的物理特性所决定的（这和生物系统对比是非常明显的，生物系统的行为可能是由系统的化学和微观物理特性所决定的）。例如，一块布怎样覆盖在物体上是由表面的摩擦力、织物以及物体的力产生的内部应力和应变所决定的。基于物理的建模技术就是使用这些物理特性来决定物体的形状和运动。水面波浪的建模和云景建模若采用物理建模，就是考虑流体运动所遵循的 Navier-Stokes 方程，通过求解这一组偏微分方程来实现这些自然现象的建模。

基于物理的建模往往十分复杂，对于实时交互式的应用往往难以奏效。但是以物理模型为起点提出或改进其他模型，已经成为一种行之有效的思路。另外，由于计算机系统的存储容量和处理速度的大幅提升，过去认为无法实现的物理模型现在有可能成为一种可行的选择。

例如，在基于波分析的水特效模拟中，可以把水可看作一个个粒子，每个粒子都按一定规律运动。这种方法可以模拟瀑布、喷泉以及水滴，因为水在这种情况下呈现出明显的离散水粒子，但并不适合用来绘制水面涟漪。在基于波分析的水特效模拟中，所建立的网格及所产生的单、双源涟漪。

对水面的模拟可通过胡克定理来实现，当水面平静的时候，水面上各点受力平衡，处于平衡位置。一旦有扰动发生，就会有点偏离平衡位置产生加速度。由于这些点受力是遵守胡克定理的，如果知道某一刻水面的状态，就可以精确地计算出任何时候的水面状态。

基于物理的建模是一种十分宽泛的概念，是一种建模思路，而不是一种具体模型。例如，布料和织物的物理建模，往往要考虑织物的受力模型以及弹性、摩擦、断裂等材料力学方面的概念。大气流场的建模，则需要考虑流体运动方程、热力学方程等，以模拟流体运动过程的受力、放热吸热过程的热量转移等。而海浪的物理模型，除了流体力学方程之外，还要考虑波动规律以及动能与势能的转换。

第三节　虚拟人的仿真技术

虚拟人是虚拟仿真程序中的灵魂之一，为仿真程序中增添虚拟人将会大大增强虚拟仿真程序的真实感。用户对虚拟人产生真实感的认知来自系统对人的几何外形外观的仿真，对人的生理结构及生物、物理特性的仿真，对人的运动、行为的仿真以及对人思维、情感等高级智能的仿真等。

虚拟人仿真研究主要可划分为四个方面。

（1）处于最底层的是对虚拟人几何外观和生理、物理特性进行建模、模拟。几何外观的建模包括对人体外形建模，以及衣着头发、脸部等特征建模，而对人的生理、物理特征的建模多应用于医学等领域。

（2）对于虚拟人运动合成的研究来自人类丰富的日常动作和运动特征，人类运动在机器人学或计算机动画中被称为两足运动，由于人类的这些动作在人们日常生活中如此常见，因而使得合成和模拟的运动中很微小的纰漏或不真实都很容易被用户或观察者察觉。在这方面的研究一般包括基于运动学和动力学仿真和基于运动数据采集（捕获）的方法。

（3）虚拟人的行为建模（Human Behavior Representation，HBR）着重对人的行为进行建模，人的大部分行为都是有目的的，经过思考决策后所发生的动作序列。这些行为体现了人与其他人以及周围环境之间发生的理智的、带有一定目的的交流和相互作用。显然，人的行为是一个较为宽泛的概念，有庞大的外延，因此对人的行为建模一般集中在特定领域的若干特定问题上，例如军事领域中常常需要对士兵的战术行为进行建模和仿真。

（4）对人的高级智能（包括对人的思维、推理以及情感等）进行建模是一个艰巨的任务，涉及人工智能、心理学以及生物学等多学科的交叉。而至今人类对自身思维的原理仍知之甚少，取得的成果非常有限，因此当前对该领域的虚拟人技术研究有较大局限。

一、虚拟人几何建模技术

虚拟人的几何建模是一项复杂、艰巨的任务，根据仿真要求，需要人物模型从宏观上的骨骼体系到微观上的皮肤、毛发、面部表情、着装等部分进行建模。由于人体结构复杂，因此将人体分成几个部分，按照运动规律对其进行建模。为了创建合适的虚拟人体，可以利用 DI-GUY 提供的人物库，选取身高、体型适当的模型，通过修改模型纹理，然后映射到虚拟人上，从而创建出特定的人物模型。

二、人体动作的生成

描述人物运动一般比较困难，一是因为它会增加实时性的要求，二是对运动效果的逼真性的要求很高。在虚拟人运动仿真的研究中，一般将虚拟人的复杂几何模型略去，抽象出虚拟人的刚性骨架结构加以研究，这个简化是可行和必要的。可行性来源于该骨架结构可在人体运动系统中的骨骼子系统找到对应，而必要性则是由于上述抽象工作使得问题的复杂度由几何模型数以千计的顶点降至组成骨架树结构中的数十个（具有有限自由度的）关节而产生的。

针对这一抽象结构发展出大量的虚拟人运动仿真与合成技术，主要可分为以下四类：

（1）关键帧插值方法与运动学、逆向运动学方法。

（2）动力学与逆向动力学方法和基于物理的方法。

（3）基于运动捕获数据的分析与合成方法。

（4）多种方法的混合使用。

运动学方法给出了虚拟人的运动学方程，根据虚拟人各关节运动的位置、速度初值，确定虚拟人（各关节）的运动轨迹，而逆向运动学技术则是对给定的约束，通过解析或数值方法解出最优的虚拟人姿态，将这些姿态作为关键帧，结合插值技术对虚拟人各关节的位置和速度等量进行插值，最终获得一段满足给定约束的虚拟人运动序列。运动学和逆向运动学方法在虚拟人运动仿真研究的初期占据着重要的地位，并且至今仍然有着广泛的应用和新的发展。借助运动学/逆向运动学方法产生的人体运动/动画不能保证物理学逼真性，因为这类方法使用纯数学模型，忽略了真实世界中人的物理属性以及运动时所发生的力学过程。动力学方法综合考虑了虚拟人的质量，作用于各关节上的内力、外力及相应力矩、动量（矩）和惯量，并用动力学方程将这些物理量联系在一起，确定虚拟人的运动（动力学方法）或根据指定要完成的运动求出关节所需要产生的力或力矩（逆向动力学方法）。主要方法包括控制器法、映射方法以及时空约束优化方法等。

正/逆动力学方法生成的虚拟人运动具有高度的物理真实性，但需要执行大量的数值计算或者要求用户完成复杂的控制器设计，而在执行非线性优化时也依赖于初始值的设定。得到逼真虚拟人运动的另一个途径就是从现实世界中采集真实人的运动，并将其应用到虚拟人骨架模型上进行回放，这种技术称为运动捕获，所采集的数据称为运动捕获数据或运动数据。捕获运动时，在模特身上放置若干传感器，这些传感器并行地记录人体各关节或部位的运动，传入计算机中进行处理，按照一定文件格式（BVA，BVH. ASF+AMC，BIP 等）保存在文件中供后续应用回放或编辑。由于运动数据真实地记录了真实世界中人的运动，因此近年来受到研究者的重视，发展出一批运动数据采集、编辑、合成技术。

运动捕获研究主要包括两个方面。其一是如何从传感器信号中还原/重建运动数据，传感器可以记录转动角度或只记录空间位置，数据处理程序使用逆向运动学等方法还原出运动数据。从视频中提取人的运动也是近年来运动捕获研究的一个重点。运动捕获技术研究的另一个核心问题是如何重用采集到的运动数据。研究者们对运动数据套用各种数学模型，以期对运动数据的结构进行简化和建模，并对相应的参数进行调整来获取新的运动。虽然对运动数据进行编辑最终能获得高度逼真的虚拟人运动，但总体来说，所得到的新运动往往与已采集的运动差别不大，很难在真正意义上得到新的运动。

在具体仿真应用中，虚拟人要执行很多动作，比如直立行走、停下、跑步、蹲下、转动阀门开关、开会、讲话、接收命令、队列行走、爬楼梯等，而 DI-GUY 中并没有这些完整的动作序列，所以需要为指定的虚拟人生成特定的新动作。生成新动作的方法，一是通过手工编辑新动作，二是通过运动捕捉获得支持的动作格式文件。有的文献提出的利用 3D 人体动作建模软件 Poser7.0 开发生成，首先建立人体骨架-外观关联模型；然后生成关键帧状态；最后导出数据文件，将 Poser 导出的 BVH 格式的标准动作捕捉数据文件，用于 DI-GUY 环境下虚拟人动作的实时动作驱动。本章中主要利用 DI-GUY motion editor 进行动作编辑，一是利用其他人物模型既有的动作 BVH 文件，通过修改，然后引入；二是创建新的动作后，跟已有的动作关联，这样在执行序列动作的时候是连贯的。

DI-GUY 提供了可以实现对虚拟人体物理结构（全身关节）进行控制的 API，克服了固化动作的缺点，将 DI-GUY 从单纯的演示系统中解放出来。DLGUY 虚拟人由 14 个基本关节构成，其中包括颈关节、左右肩关节、肘关节、腕关节、腰关节、髋关节、膝关节、踝关节。

三、DI-GUY 虚拟人物仿真方法

在修改完成所需的虚拟人物模型和编辑完虚拟人物的动作后，需要将虚拟人物添加到三维可视化场景内，采用的方法有三种：ACF（Application Configuration File）生成法，BDI（Boston Dynamics）&API（Application Programming Interface）实现方法，ACF 与 DI-GUY 相结合的方法。

（一）ACF 生成法

Lynx 图形界面是点击式的，通过参数面板，生成 ACF 文件，首先创建 vpDiguy 模块的 DiguyCharacter 类，在该面板内，需要指定人物类型，选择合适的人物纹理，人物初始动作和位置，以及为碰撞检测而设置的掩码，这样在场景中就能够看到前面创建的虚拟人物。利用 ACF 直接定义法比较容易生成虚拟人物，但生成的人物不容易控制，与观察者交互性低，一般在虚拟阵地环境中用作"景物人"（人物作为景物的一部分），担当巡逻、警卫、列队等职能。

（二）BDIAPI 实现方法

为了实现指定虚拟人物的动作以及路径，需要利用 BDIAPI 函数进行编程控制。可根据需要灵活定义人物模型的类型、动作、装备、路径点等，使

人物可对虚拟场景中的事件和用户输入（在标准 I/O 设备条件下表示为 Windows 消息）进行响应，达到交互目的。这种方法需要通过 API 实现，工作量比较大。

（三）ACF 与 DI-GUY 相结合的方法

将 ACF 与 DI-GUY 相结合能够快速地将所需要的虚拟人以及动作添加到虚拟场景中，然后通过 BDIAPI 的编程可以实现所需的动作、装备、路径点等。首先利用 DIGuyScenario 调入场景物体，然后通过编辑 Character，设置路径点以及在各个路径点的动作，最后在 VPLynx 界面创建 vpDiguy 模块的 DIGuyScenario 类，关联 DIGuyScenario 编辑的 * . dss 文件，加入碰撞检测之后，就可以在漫游场景中看到虚拟人了。尽管如此，目前场景中的虚拟人仍然只能按照提前规划好的路径，执行动作，缺乏随意的交互控制。因此，需要在 VC++ 程序中，通过 API 函数进行读取，然后添加交互操作方式、动作序列，包括初始位置、执行动作、运动时间等。相比 ACF 方法，控制人物更加随意，能够达到交互效果，相比 BDIAPI 实现方法可以节省很多工作量，效率更高。

四、基于 DI-GUY 的虚拟人仿真建模技术

由于在 DI-GUY 中并没有完整的动作序列，可以利用 DI-GUY 提供的人物库，选取身高、体型适当的模型，通过修改模型纹理，编辑创建特定要求的人物模型。

为了避免现有技术的不足之处，提出了一种综合生成人物仿真方法，根据仿真要求，需要人物模型从宏观上的骨骼体系到微观上的皮肤、毛发、面部表情、着装等部分进行建模。由于人体结构复杂，因此将人体分成几个部

分，按照运动规律对其进行建模。为了创建合适的中国虚拟军人，利用 DI-GUY 提供的人物库，选取身高、体型适当的模型，通过修改模型纹理，然后映射到虚拟人上，从而创建了特定的人物模型，实现了执行序列动作的时间连贯性，并成功将虚拟人物添加到三维可视化场景内。

实现综合生成人物仿真方法的步骤如下：

（1）利用 DI-GUY 提供的人物库，选取特定的人物模型。

（2）从 DI-GUY 动作库中为人物模型选择基本动作，将其按动作的先后顺序排列在 timeline 的时间列表中，设基本动作个数为 M。

（3）设两个动作的时间间隔为在每两个动作之间，画出光滑的过渡连接线。

a. 当 T>0.1s，用相对平滑、连续偏导的连接线来连接两个动作；

b. 当 T<0.01s，用急剧变化、陡峭的连接线连接两个动作；

c. 按动作的先后顺序完成连接线的连接。

（4）在 DI-GUY 的编辑器中对连接好的动作进行编辑，产生需要的人物动作。

（5）将虚拟人物添加到三维可视化场景内，然后给人物添加所需的新动作，完成虚拟人物动作可视化的实现。

由此可见，综合生成人物仿真方法，不仅能克服不完整的动作序列，而且能补充系统相对匮乏的人物模型，成功实现跟已有动作的关联，这样在执行序列动作的时候是连贯的，从而在仿真程序中增添虚拟人能增强虚拟仿真程序的真实感，在人物仿真中，可以增强场景的生动性，加强沉浸感，提高其训练的能动性。用户对虚拟人产生真实感的认知来自系统对人的几何外形外观的仿真，对人的生理结构及生物、物理特性的仿真，对人的运动、行为，尤其动作的仿真以及对人思维、情感等高级智能的仿真等。

下面是基于 DI-DUY 软件的 Vega Prime 人物仿真的全过程：

（1）建立人物模型，利用 DI-GUY 提供的人物库，在 CharacterSelection-Dialog 中，选取身高、体型适当的模型，然后通过修改模型纹理，编辑创建特定要求的人物模型。建立人体骨架-外观关联模型。在建模的过程中，主要利用 3D 人体动作建模软件 Poser7.0 开发，生成所需求的人物模型。

（2）进入 DI-GUYMotionEditor 的主界面，在 windows 中选取 3D、time-line、camera、project 等，弹出相应窗口，在 File 中选择 Import，从中为人物模型选择相应的已完成的动作，并将其拖曳至 timeline 中，为其加入关键帧状态。此过程可以重复操作，并将其按时间的先后顺序排列在 timeline 的时间列表中，在每两个独立的动作之间加入相应平滑的过渡连接线，使其更加逼真自然。在 3Dview 窗口中演示，然后在 3Dview 窗口和 TimeLine 中进一步修改所需动作。

（3）在完成了人物模型和相应动作的创建后，需要导出数据文件，数据文件要求为 BVH 格式的标准动作捕捉数据文件，可以直接用于 DI-GUY 环境下虚拟人动作的实时动作驱动。

（4）在修改完成所需的虚拟人物模型和编辑完虚拟人物的动作后，需要将虚拟人物添加到三维可视化场景内。在 DI-Guy Scenario Elements 面板中加载添加人物的目标模型，在 Character Elements 面板中选择好人物，使用 Input Mode 中的 People Blitzer 将人物添加到合理的初始位置上。使用 Path Insert 添加路径点，如果路径点的位置不合适，在 Path Edit 模式下可以修改，如果知道了路径点的坐标，可以通过 Character Elements 中的 Waypoint 来编辑。使用 ActionInsert 在路径上某处插入动作节点，也可以在 Character Elements 中的 Action 中进行编辑，选择人物动作。人物动作根据平均速度分为两类：时间动作和运动动作。若速度大于或等于 0.1m/s，为运动动作，否则为时间动作。运动动作可以把人员由一个路径控制点推进至下一个控制点，在控制点处执行一系列的时间动作，如瞄准等。时间动作执行完毕，则启动控制点的运动动作，如走、跑、匍匐等，直至下一控制点。

第四节　基于 OpenGL 的电磁信号可视化技术

在现代高科技战争中，除了作战双方参战人员、各类作战装备的激烈对抗外，还在复杂的战场环境中存在着看不见的电磁信号的对抗。电子战作为现代战争的一部分，在决定战争胜负的过程中发挥着越来越重要的作用。将虚拟现实技术应用于各种民用及军事领域，在构建虚拟战场环境、生成某一特定区域内的真实而全面的虚拟环境，并提供作战双方兵力与态势的表现和描述等方面已取得了相当的成绩，并表现得相对成熟。但是利用虚拟现实技术除了对虚拟战场环境中可见的部分进行表现外，还需要对战场仿真环境中电磁波等不可见的部分进行可视化表现。

本节利用 OpenGL 三维图形编程语言对电磁信号进行空间域和时域的绘制，使战场中各种设备、通信系统和干扰系统等发出的强度、频率不同的电磁信号可视化地表现出来。电磁信号可视化技术研究是"某自主飞行器虚拟视景仿真系统"的一部分。在该系统中除了要搭建虚拟战场环境、设置战场态势、模拟双方对抗过程外，还要求对各参战单元发出的电磁信号及空间中存在的背景干扰信号等进行可视化描述及实时绘制。

一、电磁信号的可视化绘制方法

(一) 利用圆台逼近空间域波束绘制的方法

1. 空间域波束状态

在虚拟战场环境中，需要对各系统装备、通信系统和干扰系统发射的信号状态进行模拟。例如在自主飞行器电子战虚拟视景仿真系统中，模拟自主飞行器对地面雷达目标的攻击过程中，在攻击的不同时段，需要对自主飞行器发射的波束进行不同状态的绘制。自主飞行器起飞后，快捷键控制机载雷达开启，此时波束处于"静止状态"，即波束的位姿和载体（自主飞行器）的位姿是一致的，将载体的位姿写入波束参数结构体中，即可完成对波束的绘制。自主飞行器到达一定的区域，雷达自动搜索目标，此时波束处于"搜索状态"，即波束的位姿以载体的位姿为基准，并在某一方向上按一定的角度范围进行扫描。此时波束的绘制不再是相对静止状态，需要使用额外定义的全局变量作为帧间变量，绘制帧间动画效果是用来模拟波束状态的。搜索目标达到一定的条件后，自主飞行器发现目标，此时波束处于"锁定状态"，即波束位置与载体位置绑定，波束方向始终指向目标（敌方雷达或其他参战单元）。波束在每一帧的姿态通过载体位置和目标位置进行实时计算，并将姿态写入波束参数结构体，传给波束绘制函数。车载雷达、干扰源等的波束状态的绘制方法与之类似。

2. 空间域波束绘制实现

考虑到需要在仿真的每一帧进行实时计算和绘制，为尽可能地提高系统帧率，只对波束的主瓣进行绘制，旁瓣等没有考虑。

OpenGL 除了可以绘制点、直线、三角形等基本的图元外，还提供了一些额外的支持，使得创建复杂表面的任务变得更加简单。最常见的方法是使用一些 GLU 函数，它们可以渲染三种二次方程表面。这些二次方程函数可以渲染球体、圆柱体和圆盘。可对这些二次方程物体进行排列，以创建更为复杂的模型，这里要绘制的波束就是采用此方法绘制的。

二次方程函数使用面向对象的模型。从本质上说，可以创建一个二次方程对象，并用一个或多个状态设置函数设置它的渲染状态。然后，当绘制其中一种表面时，就可以指定这个对象，它的状态决定了这个表面如何进行渲染。下面的示意代码显示了创建一个空白的二次方程对象，然后再删除它：

GLUquadricObj * pObj；

pObj = gluNewQuadric（）；//创建和初始化二次方程对象

//设置二次方程渲染参数

//绘制二次方程表面

//……

gluDeleteQuadric（pObj）；//释放二次方程对象

这里创建了一个 GLUquadricObj 数据类型的指针，而不是这种数据结构本身的一个实例。因为 gluNewQuadric 函数不仅为它分配空间，而且还把它的数据成员初始化为合理的缺省值。修改 GLUquadricObj 对象的绘图状态共有四个函数：

（1）DgluQuadricDrawStyle（GLUquadricObj * obj，GLenumdrawStyle）。drawStyle 参数可取常量：GLU_ FILL，GLU_ LINE，GLU_ POINT，GLU_ SILHOUETTE。这四个常量用于设置二次方程的绘图风格，分别将对象绘制成实体物体，绘制成线框物体，绘制成一组顶点的集合，绘制成类似于线框物体。

（2）gluQuadricNormals（GLUquadricObj * obj，GLenumnormals）。该函数指定二次方程表面几何图形在生成时是否带有表面法线及法线类型。

（3）gluQuadricOrientation（GLUquadricObj * obj，GLenum orientation）。该函数指定法线是从表面伸出还是插入到表面内部。

（4）gluQuadricTexture（GLUquadricObj * obj，GLenum textureCoords）。该函数为二次方程表面生成纹理坐标。

由于在这里绘制的波束是旋转对称的，因此可以使用一组圆台来进行逼近。通过二维波束方程，计算波束曲线上相等间隔采样点上的一系列的值，并将相邻的值作为圆台的上、下底面半径，将采样间隔作为圆台的高，设置合理的采样间隔，通过循环绘制一系列的圆台，即可在外形上绘制波束的主波瓣体。其中的圆台体的绘制函数为 VoidgluCylinder（GLUquadricObj * obj，GLdouble baseRadius，GLdouble topRadius，GLdouble height，GLint slices，GLint stacks）。

使用该函数，可指定圆台的底面半径（baseRadius）、顶面半径（topRadius）和圆台高度（height），参数 slices 和 stacks 分别表示圆台的切片和堆叠。圆台是由许多圈三角形环（或四边形环，取决于使用的 GLU 函数库）绘制的。参数 slices 指定每个环内三角形或四边形的数量；参数 stacks 指定圆台在高度方向的环的数量。显然参数 slices 值越大，圆台在切线方向越光滑；参数 stacks 值越大，圆台在高度方向越光滑，但同时绘制的三角形面片数量急剧增加，使得计算量相应增加，绘制速度变慢。

同时将波束的功率、主瓣宽度、增益等参数进行可视化映射。具体方法是，设计合理的颜色函数，将波束的功率和采样点作为函数的参数，在波束的绘制过程中加入颜色函数来表现波束在不同方向上的功率变化。主瓣宽度（角度值）映射为波束的径向方向和径向垂直方向最大宽度的比值的正切值。

增益映射为波束径向方向的最大距离。

（二）利用波束方程逐点计算波束表面曲线采样点的绘制

1. 按角度值采样，利用三角形带进行绘制

根据波束方程的极坐标公式，可将俯仰角（anglel）和方位角（angle2）作为绘制波束表面的采样变量。anglel 的采样范围是［0，90］，采样间隔为 1°（角度制单位）；angle2 的采样范围是［0，360］，采样间隔为 10。其中将俯仰角作为外采样，方位角为内采样。

定义浮点型二维数组 data［NUM］［3］（其中 NUM 的值为内采样点数的两倍），在外采样角度值固定的情况下，计算出每个内采样点的三维坐标值，并将其放入二维数组中的奇数下标位置。并且数组偶数下标位置存放前一外采样角度值的所有内采样点的三维坐标值。得到该数组后，则将该数组作为三角形带进行绘制。再将当前外采样点计算的所有内采样点值对应放入数组奇数下标位置，供绘制下一个三角形带使用，将采样点进行循环即可绘制整个波束表面。这样整个波束表面将分割成一系列相连的三角形带。这里极坐标到三维立体坐标系转换方程为：

x＝r＊cosf（anglel）＊cosf（angle2）

y＝r＊cosf（anglel）＊sinf（angle2）

z＝r＊sinf（anglel）

该绘制方法的优点是思路清晰，计算量小，占用的内存空间小，不足之处是按角度均匀采样，由于三角形带的宽度不一，尤其在波束表面某点和原点形成的直线与该点的切线夹角很小的情况下，三角形带的宽度很大，造成整个波束表面三角形面片的大小不均匀。

2. 按坐标值采样，利用三角形和三角形扇进行绘制

为了克服按角度进行采样而产生的三角形面片大小不一的缺点，这里采用按三维立体坐标系坐标值进行采样。

首先将方程的极坐标表达式改为世界坐标系表达式，由于方程的表达式比较复杂，任意一个坐标参量很难由其他两个参量表示出来，所以进行采样时不能通过循环遍历内外采样点来计算第三维坐标值。此时在 X 轴上进行外采样，在 Y 轴上进行内采样，固定内外采样点，按 Z 轴坐标值进行遍历，寻找使表达式的值最接近 0 的 Z 值，并将该点坐标值作为方程在该采样点的最优解向量。

固定内外采样点，按 Z 坐标值进行遍历，寻找适合波束表面方程的解向量。但由于固定采样间隔上很少可以与方程的解重合，为了避免大量的解流失，可以将方程的两边表达式移到一边改写成不等式形式，通过在循环内外采样点的基础上对 z 进行遍历，寻找使表达式的值最接近 0 的 z 值，并将该点坐标值作为方程在该采样点的最优解向量。将这些点坐标值保存到数组中。

在外采样点值固定的情况下，循环内采样点和 z 值可以得到一系列的点，假设有 M 个，而在遍历上一外采样点时，也可得到一系列点，假设有 N 个。这时需要用三角形和三角形扇绘制一个类圆台体的侧表面，该类圆台体表面的顶面圆周上有 M 个点，底面圆周上有 N 个点，类圆台体的高为外采样间隔。

绘制这个侧表面时首先绘制 N 个三角形，这 N 个三角形的底边两点在相邻的上一外采样点数组中，而顶点在当前外采样点数组中，N 个顶点的选取不是数组中的连续点，而是均匀间隔选取，这样保证绘制的三角形面片顶角不会出现积累性锐化现象。然后再在相邻的三角形之间绘制 N 组三角形扇，在绘制这 N 组三角形扇时应确保其环绕和已绘制的三角形环绕保持一致。然

后将当前外采样点得到的一组点坐标值保存到前一处采样点数组中，循环外采样点，便可绘制整个波束表面。在该算法中，无论 M 和 N 的大小关系，都可以进行正确的绘制。

该绘制方法具有通用性，可以绘制一些无法用极坐标系方程表示的不规则曲面，相对于上面的方法三角形面片大小均匀。不足之处在于计算过程相对比较复杂，计算量也比较大。

二、时域信号及多径的绘制

（一）时域信号绘制

在虚拟战场环境中，如果对各种装备系统、通信系统和干扰系统发射的信号只进行空间域的波束绘制，虽然提供了良好的波束参数设置，可以根据参数绘制不同的波束，但当各参战单元发射不同类型的信号时，很难通过波束对信号类型进行区分，因此有必要在虚拟战场环境中对信号的时域模型进行绘制。根据系统设计要求需要绘制的通信信号有 AM 信号、FM 信号、PM 信号及数字信号等，干扰信号有噪声调幅干扰信号、噪声调频干扰信号、噪声调相干扰信号、脉冲干扰信号，以及噪声信号等。这些信号均以二维的形式嵌入到虚拟场景中。绘制过程是根据信号的时域方程得到信号的几何模型，再确定采样点进行离散化，利用 OpenGL 提供的 GL_ LINE_ STRIP 图元进行绘制，并定义帧间变量，将其绘制成帧间动画形式。设置合理的颜色函数，进行必要的可视化映射。相对于空间域波束的绘制，时域信号绘制方法相对简单，这里不再赘述。

（二）多径现象绘制

在虚拟战场电磁环境仿真中，除了对电磁信号的可视化外，还需要对信号从发射端到接收端的传输过程进行模拟，最常见的现象就是在信号传输过程中产生的多径现象。电磁信号在传输过程中会遇到山峰、高大建筑物或云层的阻挡而产生多径现象，利用可视化技术可以直观地表现出多径现象。在多径现象的可视化表现过程中，这里并没有考虑传输信号类型、调制频率、信号功率等信号本身的特性参数，而主要考虑信号发射端、多径散射点、信号接收端的位置等参数，并以帧间动画的形式动态地表现多径现象，使多径现象直观、生动、动态地表现出来。

三、绘制效率与解决方法

在前面介绍的几种波束的绘制方法中，其中利用圆台逼近波束方法简单，思路清晰，但只能绘制截面为圆的波束体，有一定的局限性，并且该方法并没有从波束的数学模型入手，只是从几何外形包络上对波束表面曲面的一种近似逼近。但该方法绘制效率高，对系统帧率的影响不大，因此该方法作为一种折中方法而被引入系统中。

后两种方法利用波束的数学模型计算波束空间曲面的采样点数据，并进行了三维可视化映射，并再将映射结果绘制和嵌入场景。该方法符合一般的三维数据可视化算法思路，但是算法相对复杂，计算量大，在系统每一帧要求对波束进行实时计算绘制的情况下会在一定程度上影响系统的帧率。

前面，我们提到利用 OpenGL 的库函数进行电磁信号的可视化绘制，这是通过利用回调函数嵌入到 Vega 系统中的通道内的方法，即在不同的通道可以调用不同的回调函数。在自主飞行器电子战虚拟视景仿真系统中除了设计了默认通道，还有俯视通道等。在默认通道中使用上面介绍的方法绘制时域和空间域信号，而在俯视通道，由于观察者设定为从全局观察整个战场态势，因此在俯视通道中，在不影响系统整体效果的前提下，可视化效果可以以简略的形式绘制，比如在采样点的设置上，增大采样间隔，并以圆台逼近的方式代替逐点绘制方法。在多径绘制的过程中，可以绘制静态的效果代替帧间动画形式的动态效果，采用这一系列的措施，可以最大限度地减少计算量，提高系统的实时性。

第五节　　交互式电子手册技术

一、交互式电子手册概述

交互式电子技术手册 IETM（Interactive Electronic Technical Manual），是以数字形式在一种合适的介质上，采用人工编程或自动编辑系统编写的技术手册。它将技术手册的内容数字化，进行重新编制，并以交互方式进行查阅，通过计算机等设备把所查阅内容展现给维修技术人员或系统操作人员。

IETM 的信息结构用于为某一终端用户提供电子窗口显示。它具有如下三个特性：

（1）显示信息的格式和形式对窗口方式显示是最优化的，确保最大的包容性，即显示格式"面向帧"而不是"面向页"。

（2）构成 IETM 的技术数据元素是相关的，以保证用户存取所需信息时的最深入程度，并可以通过多种途径实现。

（3）由计算机控制的 IETM 显示设备在提供操作过程指南、导向、附加信息以及向辅助维修的后勤保障功能提供支持方面，具备交互式功能（响应用户需求和信息输入）。

交互式电子技术手册（IETM）的概念、技术和方法，是装备保障数字化进程中第三阶段的成果。装备保障数字化已经经历了三个阶段：

（1）第一阶段是利用现有技术（各种文件编辑软件）使书面文件数字化，并使用软磁盘和 CD-ROM 光盘储存和传送数字文件；

（2）第二阶段是用标准化计算机文件与供应商交换信息；

（3）第三阶段是构建网络集成共享的综合数字化数据环境。

在第一阶段虽然可以解决纸型文件开销大、数量大、数据传递实时性差、易产生重复和冗余等弊端，但数字化文本没有统一格式和标准，承包商采用不同的编辑软件编制技术文档，不同软件之间的转换烦琐，部队难以使用。第二阶段把武器系统的技术信息统一标准，统一格式，解决了多种标准和多种格式带来的问题，但仍然不能实现数据的互用、互操作和信息共享。第三阶段的目标是建立一个利用数据库共享或网络集成共享的综合数字化数据环境，使技术数据一次生成，多次传递使用。目前很多国家装备保障数字化都已处于第三阶段，而我国基本上还在第一阶段，还没有采用信息技术的新成果来改进电子技术手册。

二、IETM 系统框架结构

IETM 的实现流程是首先进行数据库的建模，获得工程数据，通过格式转换，将所获得的数据、信息进行分解，在这些素材准备完毕后，根据需要将视频、图片、音频等进行格式转换或压缩后通过 IETM 制作工具进行分级、分项处理，然后发布成用户易接受的方式，如 PDF、Web 等形式。这样通过用户终端设备、就可以看到交互式技术手册。这样的 IETM 可以用于故障诊断、工作原理的展示、维修标准的可视化、技术资料的动画生成（不再是简单的文字和图片）、交互训练（可以进行装备的拆装训练）等。

由此可见，目前在 IETM 中使用交互式 3D 技术是可行的。

（1）现有的数据资源满足要求。随着产品数字化的发展，目前各装备单位中使用的零部件有很大部分产品的设计 CAD 数据是以 3D 的形式输出的。

（2）目前已有许多交互式 3D 创作工具可以使用。如 VRML、Cult3D、Deep Exploration、Viewpoint、Virtools、EON reality 等，这些工具可以将原始的 3D 模型经过加工、转化和编辑后成为交互式 3D 文件，并在单机或网络发布。

（3）目前的硬件平台（CPU、GPU）可以支持交互式 3D 技术。

（4）目前的软件平台（MS Office，Browser，XML Standards，PDF，IETM 创作软件）可以满足要求。用于 IETM 的交互式 3D 制作需要经过如下步骤：3D 模型的制作—3D 模型的加工—3D 模型的格式转换—给 3D 模型加入交互功能和控制模块并输出为 IETM 可用的文件格式—使用 IETM 制作工具将输出的文件嵌入 IETM 中。

本章采用的是 Deep Exploration 技术，Deep Exploration CAD Edition 是一款 2D、3D 模型浏览及转换软件，支持多达 80 种 3D 格式，同时它还可以对用户的模型进行编辑及添加注释、制作动画等。最后它还拥有强大的输出功能，除了可以将用户的模型输出为各种常用 3D 格式外，它还可以直接将模型输出为 2D 或是 3D 格式的 PDF 文件的产品手册。

Deep Exploration 可提供高质量的 3D 对象和场景透视图，帮助用户创建互动的 3D 内容和基于 Web 的动画。还可以通过 Deep Exploration 模块来实现特定的转换、制作和发布功能。

三、交互式电子手册的实现

（一）三维模型的建立

由于 Deep Exploration 软件本身没有三维建模功能，因此建模软件需选择其他三维软件（如 MultiGen Creator，AutoCAD 等）来建立部件的三维实体模型。本实例是采用 Creator 和 AutoInventor 建立球阀的三维实体模型。

（二）Deep Exploration 的三维交互功能应用

在 Deep Exploration 中为球阀三维模型加入交互功能与控制模块。经过交互式动画设计、观看视图设计、产品零部件拆卸动画设计等，用户可以通过鼠标对模型进行缩放、旋转、平移等基本操作，当用户用光标捕捉球阀的不同零件时，能出现该零件的名称、规格等文字提示。用户还可以通过操作键盘和鼠标来隐藏球阀的阀体等部件，从而观看球阀的内部结构。通过鼠标用户还可在交互的 3D 环境中完成对球阀的分解和结合过程的操作。制作完成后可将文件保存为 .rh 格式，便于以后修改。本实例将生成的 .rh 文件嵌入到 HTML 文件中便于在 IETM 中使用。

第五章　虚拟自然景物仿真技术

自然景物的仿真模拟是计算机图形学领域和虚拟现实领域的研究热点和难点。不规则模糊物体的建模和实时绘制方面都有很多值得研究的问题。粒子系统在不规则模糊物体的模拟方面取得了很大的成果，并已经走向了成熟的应用阶段，但是其自身模型还存在着一定的局限性，因此在真实感的提高上必须寻求与物理模型的结合。而物理模型的算法往往因为模型的精确性带来的复杂度使得求解过程困难，因此在实时性上又无法得到保证。

第一节　虚拟自然景物仿真发展现状

一、火焰的模拟

在火焰的模拟方面，国内外的科学家都取得了很大成果。杨冰等提出基于景物特征的粒子系统建模技术是一种利用景物特征的空间相关性，提取特征点简化粒子系统建模的算法。该算法针对不同的不规则模糊景物，首先勾画景物表面特征，抛弃不可见的内部，然后就景物表面再提取关键点，以粒子定义它的属性，表面上其余部分的属性通过空间插值得到。

詹荣开等用粒子系统理论模拟虚拟场景中的火焰和爆炸过程：根据经典粒子系统理论，在对火焰进行模拟时，每一个粒子都应该被视为一点光源，并根据光照模型计算画面上的每一像素的光亮度值。但由于光照计算非常费时，所以按照经典粒子理论来模拟将很难满足实时性的要求。为此，对火焰粒子作了简化，将每一个火焰粒子视为一个点，并利用其颜色变化来达到火焰的近似效果，用一个平行于世界坐标系的 XOZ 平面作为火焰的粒子发射器。自然界中的火焰一般在焰心区域其火苗高度较高，根据这一点提出对火焰粒子的生命周期加入由初始位置决定的位置因子扰动，以延长焰心区域的火焰粒子的生命周期。

刘晓波等对粒子系统模拟自然景物的探讨：对于粒子的绘制作了适当的简化。首先，不考虑其他表示方法对粒子系统的影响，对不同方法采用分而治之的办法分别进行处理后再合成；其次，在此处把粒子看作发光体，这样可以不考虑阴影问题，然后对粒子采用深度优先和 Z-buffer 相结合的算法进行排序；同时还应考虑到粒子的透明性。

在国外，Jnakage 用纹理映射构造了二维火焰的简单模型，该模型将三维点转换为二维纹理图点，其低温颜色取决于阴影模型的建模方法。这种方法难以获得具有真实感的运动图像，人工痕迹极大，只适用于图像真实感要求不高的场合。JosSatm 等从热力学定律出发，提出了一种基于扩散过程的火焰模型，其基本思想是认为气体的物理特征需用随时间和空间变化的物理量（包括气体粒子的密度、扩散的速度、温度以及辐射性能）来表示，在给定风向条件下，引入扩散方程计算密度和温度变化。这种方法需求解表征火焰物理特性的非线性方程组，故难以达到实时性要求。普凯西等提出了基于细胞自动机的二维火焰模型，认为火焰等气体现象都是由简单的组元构成的，组合形态和系统行为可以非常复杂，甚至产生无法预测的延伸、变形等形式，以至于不能简单地化为某种数学描述。普凯西等用一些简单的初始值和简单的状态等转换规则来描述火焰的动态变化，每一细胞单元有三个状态变量，即温度、燃料密度和气体流向，通过改变细胞变量的初始值，可以得到各种不同的图像，其缺点是难以明确火焰温度、燃料密度和气体流向间的关系。Duc Quang Nguyen 等用基于物理模型的建模方法成功地模拟了跳动的火焰。

二、爆炸的模拟

在爆炸现象及其相关研究领域，爆炸是在某一"系统"中，其物质和化学的能量急骤转化的一种过程。爆炸也可以说是一种极为迅速的物理或化学的能量的释放过程。爆炸的一个最重要的特征是在爆炸点周围介质中引起状态的急骤突变，而这种状态参数的突变，特别是压力的突变，是爆炸引起破坏的直接原因。以带壳装的爆炸过程为例，带壳装的爆炸过程是在几十微秒时间内完成的，壳体全部形成破片后，破片是以高速度（一般在 1000m/s）四周均向飞散。在传统的破片战斗部威力描述中，一般都借助统计学建立破片在空间分布的统计规律，对应到中靶的有效破片，有关参数如中靶破片数、着靶破片数、着靶速度等往往以数学期望来表征，这种方法简单易行，但准确性和有效性差。2000 年，Qian Lixin 等建立了一种新型的破片威力描述方法，即射击迹线仿真方法。该方法通过破片场离散、破片场求解、破片场弹道求解、终点效应分析等环节对战斗部静爆和实战作用的全过程进行数值仿真。2001 年，王诚等针对小药量软杀伤子弹空爆抛撒，建立了一维空爆抛撒的数理模型和仿真计算程式，并以某特种弹，给出了空爆数值仿真结果。有关非均质炸药的起爆，目前在炸药界被普遍接受而且已被实验证明的机理是热点点火和热点引起的化学反应成长为爆轰的二阶段理论。有关炸药粒度对冲击波感度的影响，国外已有一些理论和实验研究的报道，如林大超等引入 Weiertsterass-Mandelbrot（W-M）函数，给出了爆炸所致地面运动的仿真方法和过程。

三、烟雾的模拟

童若锋等改进了基于气体动力学和粒子系统理论的算法，给出了一个在虚拟战场中实时生成浓烟的算法。算法以球为基本粒子对浓烟进行造型，应用透明度扰动技术模拟浓烟的浓淡变化，基于气体动力学方程，求解浓烟的运动。与传统的粒子系统相比，可大大降低粒子的数量；与湍流运动随机模型相比，算法既保证了生成浓烟的逼真度，又具有良好的实时性，满足了虚拟战场的应用需求。

都来斌等提出了利用粒子系统和浓度场相结合的方法来模拟烟雾的运动与扩散，在粒子属性中加入浓度函数，通过粒子作用半径及浓度函数的变化模拟烟雾的扩散，还通过粒子的运动及分裂反映风力场的作用。与原有的粒子系统相比，不仅增加了对烟雾扩散的描述，还可以用少量的粒子生成连续的浓度场，在很大程度上提高了计算速度。同时，还给出了一种快速的烟雾绘制方法。

Jos Stam 提出了一种基于流体物理方程的方法，在实现过程中，根据视觉效果简化了 Novier-Stkoes 方程，强调画面的稳定和流畅，实现了一种简单快速的流体动态解决方法。

Jos Stam 在《A general animation framework for gaseous phenomina》一文中，提出了，种粒子系统和网格技术相结合的方法来模拟烟雾。首先用粒子系统模拟烟雾，然后使用基于网格的方法计算高质量的动画。

罗纳德费多基（Ronald Fedkiw）等提出了一种新的生成烟雾的方法，使用非黏性欧拉方程而不是传统的 Nvaier-Skotes 方程来描述烟雾。另外，这一方法引入了漩涡限制条件来模拟小范围的烟雾翻滚特征，这在其他粗糙网格模拟中是没有的，而且还在这一方法中包含了对于烟雾和运动物体的相交检测。

在以往对烟雾效果的研究中，西田（Nishita），克拉森（Klassen）等人在绘制时考虑了光线在云雾中的衰减、反射、散射等因素，获得了较大成功；在烟雾的模型方面，佩特根（Peitgen）等人采用分形方法对云雾等进行模拟，圣卡西（Sakas）运用谱分析，而埃伯特（Ebert）等人则采用基于气流场的密度函数。这些方法都有其各自的优越性，但也存在着不足。分形方法很难根据物理意义（如风力场等）对烟雾进行运动控制，基本上只适用于对云等远景的模拟。密度函数的方法在控制烟雾的运动时，将烟雾的密度定义为气流场的函数来反映气流场的变动，函数由人工给定，不能非常真实地反映气流的物理意义。另外，还有一种烟雾模型是粒子系统，用大量形状简单的微小粒子作为基本元素来表示烟雾，通过对粒子运动的描述来控制烟雾的运动，这一方法能够较为真实地反映气流对烟雾的作用，但计算量人，要生成具有一定连续性的烟雾浓度需要庞大的粒子数目。1993 年，史丹（Stam）和里耶卡（Fiume）给粒子定义了浓度函数，在较大程度上加快了计算速度，但在风力场对定义了浓度函数的粒子如何作用以及如何较好地用浓度场的变动反映烟雾的扩散方面未能深入研究。

第二节　虚拟场景中自然景物仿真实现方法

构造虚拟现实视景仿真系统的仿真建模技术大致可以分为两类：几何建模和行为建模。几何建模处理物体的几何和形状的表示，研究图形数据结构等基本问题；行为建模处理物体运动和行为的描述。

虚拟场景中的自然景物主要包括火焰、烟、云、雾、雨、雪、爆炸、植物、海浪、地形、毛发等复杂的真实感场景。这些物体都有着共同的特征，在整体上它们都是动态的，根据不同的情况不断变化，另一方面，又拥有丰富、细致的细节特征。由于这些自然现象不同于普通的真实感场景，对于传统的几何建模方法来说，要么很难造型，要么计算代价太大，所以把它们独立出来，用另外一种方法来研究实现。这种方法在图形学中称为过程模型。比如粒子系统就是一种过程模型，也就是利用各种计算过程生成模型各个体素的建模技术。许多过程模型是基于物理或生理的行为，并将几何建模与行为建模统一起来。

过程模型的主要优点：

（1）采用精确的物理模型，增强了物体的真实感；

（2）模型包含了几何和行为，几何反映了行为；

（3）若存在有效的物理或生理模型，则物体的行为建模变得十分简单，只要实现当前的几何模型即可。

过程模型的主要缺点：

（1）当找不到有效的物理或生理模型时，不仅要实现几何模型，还要实现其行为模型；

（2）物理模型往往要求解微分方程组，消耗可观的计算资源，影响实时性。

以下是常用的过程模型方法。

一、基于分形迭代的算法模型

分形指的是数学上的一类几何形体，在任意尺度上都具有复杂并且精细的结构。一般来说分形几何体都是自相似的，即图形的每一个局部都可以被看作是整体图形的一个缩影。例如，雪花曲线是一种典型的分形图形，生成方法如下：取一等边三角形，在每一边中间的三分之一处分别生长出一个小的等边三角形，重复上述过程就可以形成曲线效果。理论上来说，无限递归的结果是形成了一个有限的区域，而该区域的周长却是无限的，并且具有无限数量的顶点。这样的曲线在数学上是不可微的。

早在 19 世纪，就已经出现了一些具有自相似特性的分形图形，但最初只是被看作一种奇异现象。在 20 世纪 70 年代，伯努瓦·曼德尔布罗特（Benoit B. Mandelbrot）最早对分形进行系统研究，并创立了分形几何这一新的数学分支。曼德布罗特扩展了经典欧几里得几何中的维数，首次提出了分数维的概念。

分形几何并不只是抽象的数学理论。例如海岸线的轮廓，如果考虑其不规则性，同样具有无限的长度。曼德布罗特认为海岸、山脉、云彩和其他很多自然现象都具有分形的特性。因此，分形几何已经成为一个发展十分迅速的科学分支，尤其是在计算机图形学中，已经成为描述自然景物及计算机艺术创作的一种重要手段。此外，分形在图像压缩、电子线路设计、建筑设计以及自然现象模拟等诸多方面都有着广阔的应用前景。

二、基于三维噪声和湍流函数的算法模型

三维噪声函数 noise（x，y，z）经常被用于产生自然纹理。它的输入是三维空间点，输出是标量，比如高度、灰度值等。生成噪声函数有两种方法。一是用 Fourier 变换，这种方法计算量太大。还有一种就是 Perlinnoise 方法，先使用随机数作为每一网格点的值，然后其余点利用三线性插值求解。

三、基于动态随机生长原理的算法模型

该算法模型最常见的表现形式就是细胞自动机。细胞自动机（Cellular Automation）就是按一定规则将空间划分成很多的单元，将每个单元看作一个

细胞（Cell）；每个细胞可以具有一些状态，但是任一时刻只能处于一种状态；随着时间的变化（迭代过程），单元中的细胞根据周围细胞的状态，按照相同的法则改变状态。换句话说，每个细胞的这一时刻的状态都是由上一时刻周围细胞的状态决定的。

比如简单地定义每个单元的状态只有 1 或 0，生长规则是如果上一时刻本单元周围 8 个单元的状态都是 0，那么这一时刻本单元的状态为 0，否则为 1。

阴影显示的为状态产生改变的单元，根据这一假设规则，状态为 1 的单元必然越来越少，并且很快状态将停止发生改变。因此，根据不同的实际需要可以人为地定义各种状态和规则，产生各种各样的效果。

四、基于粒子系统的模型

粒子系统方法是一种很有影响的模拟不规则物体的方法，能够成功地模拟由不规则模糊物体组成的景物。与其他传统图形学方法完全不同，这种方法充分体现了不规则模糊物体的动态性和随机性，从而能够很好地模拟火、云、水、森林和原野等许多自然景象。

粒子系统的基本思想是采用许多形状简单的微小粒子作为基本元素来表示不规则模糊物体。这些粒子都有各自的生命周期，在系统中都要经历"产生""运动和生长"及"消亡"三个阶段。粒子系统是一个有"生命"的系统，因此不像传统方法那样只能生成瞬时静态的景物画面，而是可产生一系列运动进化的画面，这使得模拟动态的自然景物成为可能。生成系统某瞬间画面的基本步骤如下：

（1）产生新的粒子；

（2）赋予每一新粒子一定的属性；

（3）删去那些已经超过生存期的粒子；

（4）根据粒子的动态属性对粒子进行移动和变换；

（5）显示由有生命的粒子组成的图像。

粒子系统采用随机过程来控制粒子的产生数量，确定新产生粒子的一些初始随机属性，如初始运动方向、初始大小、初始颜色、初始透明度、初始形状以及生存期等，并在粒子的运动和生长过程中随机地改变这些属性。粒子系统的随机性使模拟不规则模糊物体变得十分简便。当前对于粒子系统的研究，主要集中在两个方面：一种是根据所研究对象的特性，有针对性地改进粒子系统方法，达到快速且逼真的效果；第二种是以粒子系统为主，结合其他一种或多种模拟方法。因为每种方法都有其特点，但是总有相对的不足，当今的趋势必然是多种方法相结合，互相补偿，来达到一个令人满意的平衡点。在技术上，现在研究得比较多的是基于物理模型的动态仿真方法，通过对整个物理环境的详细定义，和对物体真实特性的仔细刻画，来产生动态、逼真的效果。由于大量的投入，国内外在模糊物体特别是流体的仿真上发展还是相当快的。现在国内的主要研究方向是利用粒子系统和其他模拟方法相结合提高显示性能，而国外是在模型的可控性和交互性上寻求发展。

第三节　常见特殊效果的仿真实现方法

一、火焰模拟的实现方法

火焰实现方法主要有以下几种：基于纹理映射的火焰模拟，直接使用数字可视化技术，模糊算法生成的火焰，基于粒子系统的火焰，基于物理造型的火焰等。

（一）基于纹理映射的火焰模拟

一般的纹理映射方法中，主要是正向纹理映射方法和反向纹理映射方法。

正向纹理映射方法不依赖于图形显示算法，直接针对纹理空间中的一个纹理元素，计算在图像空间中的图像元素，可以大大节省计算机的存储空间，但其容易引起纹理混淆，形成孔洞，图像失真，影响纹理映射速度。

反向纹理映射方法，能使用一般的图形显示方法显示，如扫描线算法、Z缓冲算法、光线跟踪等，容易实现纹理映射中的图形反混淆，但其需要将贴图纹理全部装入计算机内存，这要求计算机要有大容量内存。

（二）直接使用数字可视化技术的火焰模拟

直接使用数字可视化技术生成火焰，需要火焰的温度场切片数据，在一些研究化学、燃烧的工程中经常使用。但是这种方法要存储大量的数据，所以只适合数据的分析和研究，不利于运用到一些对显示速度有要求的场合。

（三）基于模糊算法的火焰模拟

模糊算法是绘制图形的一种常用方法，它其实就来源于细胞自动机的思想。模糊图像的方法多用于图像艺术处理。雨果（Hugo）就使用模糊算法模拟了火焰和水波。模糊算法产生的二维火墙逼真程度虽然不是很强，但在一些对真实性要求不是很高，追求实时绘制的场合，也是一个不错的选择。

（四）基于物理模型的火焰的模拟

基于物理模型的火焰的模拟，具体方法有很多种，但是都要根据不同条件求解流体动力学方程，还要研究温度、燃料之间的精确物理关系，总体来说逼真程度是所有火焰模拟方法中最高的。同时，基于物理模型的火焰可以方便地模拟不同对象、不同燃料的燃烧效果，这是其他模拟方法所不及的。但该方法计算复杂，不能满足实时性的要求。

二、爆炸的模拟

利用粒子系统对爆炸的模拟有如下几个特点：

（1）爆炸过程中，粒子只在初始帧产生，而在随后的帧序列中只要改变在初始帧产生的粒子属性即可，而不必再产生新粒子。

（2）由于实际爆炸产生的碎片形状可以多种多样，显然要完全模拟实际情况是不可能的。但可以通过建模预先定义一系列不同形状的爆炸碎片，如三角面片、长方体、多面体等。比如现已有10种不同形状的碎片，把它们编号为1、2、3、……，然后用随机函数为爆炸粒子增加形状属性。

（3）爆炸过程中，各粒子除了有在速度方向上的运动外，还有绕三轴的旋转运动。

（4）由于重力的作用，各碎片的运动轨迹应为抛物线运动，直至最后坠落在地面上。此条件也是粒子的死亡条件。

虽然爆炸产生的火焰跟直接生成火焰的原理基本一样，但是爆炸产生的火焰也有自己的特点。主要描述如下：

（1）初始位置：爆炸火焰的初始位置肯定在炸点，不同于其他火焰的是，爆炸火焰产生的初始位置是一个点，其他火焰的可以是一个点、线甚至一个区域。

（2）初始颜色和亮度：与其他火焰相比，爆炸火焰的颜色也有自己的特点。

（3）初始形状和大小：与其他火焰一样，形状和大小决定了仿真的效果。

（4）初始速度：爆炸产生的火焰粒子的初速度比一般的火焰快。

（5）生存期：爆炸产生的火焰生存期比较短暂，但是单个火焰粒子的生存期和其他火焰粒子的生存期相同。爆炸火焰存在的时间比较短是因为所有的火焰粒子都是在同一时刻产生，不再产生新的粒子。

三、雨、雪的模拟

在整个场景中绘制模拟雨、雪的粒子显然是不必要的，仅在视线有效区域内绘制雨、雪粒子可以有效减少系统资源的耗费。由于 OpenGL 是支持多视口的仿真软件和图形标准，因此可以采用多视口的方法，将雨、雪粒子绘制在一个新的视口中视线有效范围内。而对于不支持多视口的仿真软件，可将粒子源随视点移动产生粒子，从而实现在虚拟场景中构造一个可随视点移动的雨、雪区域。雨、雪粒子系统由大量的雨滴、雪花粒子组成，对雨粒子系统要考虑的属性有粒子数、粒子产生区域、粒子平均生存期，对雪粒子则要考虑形状、位置、速度、大小、生存期、颜色、透明度等属性。

雨、雪粒子产生区域是一个覆盖地面场景的长方体，由于雨、雪自上而下降落，这个区域在地面之上，与水平面平行。在粒子密度相同的情况下，较大的产生区域需要较多的粒子，因此产生区域在满足视觉效果的前提下应尽可能小，这里仅用视图体顶部的外接长方体作为产生区域。随着视点位置、视线方向的变化，视图体在空间移动，产生区域也作相应移动。该产生区域可用一个数组来表示，每一个数组元素就表示一个粒子。生存周期需要考虑粒子下降的最大高度和粒子的速度，显然雨粒子的速度大于雪粒子的速度（在无风的情况下）。假设粒子平均下降距离为 Height，平均下降速度为 Speed，则粒子的平均生存期为：

$$Meanlife = Height/Speed$$

若生存期方差为 Varlife，根据随机粒子系统思想，粒子的生存期由下式确定：

$$Life（） = Meanlife+rand（） * Varlife$$

其中，rand（）为随机数，即平均生存期过大或过小都会引起明显的降雨不连续。由物理学知识可知，物体从高空下落时，将受到空气阻力作用，这种阻力与物体的大小、形状和速度等有关，速度越大，阻力越大。从空中下落的陨石、雪花、雨点等，只要高度足够，最终都将做匀速运动。确定雨、雪粒子的属性后，按照粒子系统工作原理对粒子进行操作，将有生命粒子绘制在视口中即实现雨、雪的实时模拟。模拟雨、雪过程的粒子系统工作流程图。

四、云彩的模拟

（一）基于随机中点位移法的层云模拟

层云是指自然界中云层均匀分布的情况，采用随机中点位移法达到模拟层云的效果，即把随机中点位移法扩展到二维的情况生成层云特效的纹理，然后以一个八面体代表天空，并为八面体的每个三角片贴上用随机中点位移法生成的纹理。

在层云特效的实现过程中，为了提高系统的易操作性，提供了良好的用户界面，用户可以根据需要选择云图的精细度和天气情况。云层和山体起伏度控制着初始随机数的取值 [0，1]，而山体和云图横向点数控制着图像的精细程度，即下面的 diamond-square 算法中的初始数组维数，设定可能取值为 1~10，并且数组的维数越大图像精细程度越高，同时所耗用的系统资源也就越多。

（二）基于自平方法的团云模拟

团云是指自然界中云层不均匀分布的情况，即云彩在天空中呈团状分布。可以采用大量的带纹理小四边形组成云团，而各个四边形的位置则通过自平方分形的方法确定。

五、烟雾的模拟

烟雾的模拟不仅可用于影视广告，产生各种效果，节省大量的人力物力，还可以应用于飞行模拟，不但节省开支，而且可以实现一些逼真的特殊效果。然而，烟雾的气态特性使得对其进行真实的模拟具有较大的难度。

（1）在显示方面，烟雾不存在明显的边界与法向，从而无法用传统的方法进行绘制，而光线在烟雾中的散射与衰减为真实感的显示带来了更大的难度。

（2）在运动控制方面，气态物质的易流动性及扩散特性也使在计算机动画中常用的运动控制方法无法实施。

烟雾的运动主要可分为烟雾自身的扩散和烟雾在气流下的运动两个方面。因此一个好的烟雾模型首先应能满足以下要求：

（1）能真实描述气流对烟雾的作用；

（2）能真实描述烟雾的扩散过程；

（3）能满足真实感绘制的需要。

此外，速度的快慢也是评价模型好坏的一个标准，分形及浓度场模型在速度和真实感绘制方面效果较好，但较难真实模拟烟雾的运动，而粒子系统正好相反。粒子系统和浓度场相结合的烟雾模型，先由粒子的运动及变化将烟雾的扩散及气流的作用表现出来，再由粒子的分布及其浓度属性得到当前的总浓度场分布，以满足真实感绘制的需要。烟雾总体浓度场的变化主要有气流场的影响和烟雾本身的扩散两方面的原因。这虽然可由一个总体的微分方程表示出来，但由于方程计算量大，且在系统中有烟源时更为复杂。气流场使粒子产生运动，并使作用范围较大的粒子分裂为几个作用范围较小的粒子；烟雾的扩散则还可以通过粒子作用半径及浓度函数的变化来实现。

第四节 Vega 中常见的特殊视觉效果

一、闪光效果

实例：模拟坦克开火时在炮管前端产生的闪光效果。

二、爆炸和碎片效果实例

模拟坦克开火后炮弹爆炸时产生的碎片效果。

三、火焰燃烧效果实例

模拟房屋着火的效果。

四、燃烧烟雾效果

实例 1：模拟屋顶的黑烟。

实例 2：模拟烟雾和火焰混叠的效果。

实例 3：模拟炼油设备失火。

实例 4：模拟预警机引擎发生故障失火。

五、各种飞行器的尾迹效果

实例 1：导弹飞行的尾迹效果。

实例 2：预警机、战斗机引擎尾迹的效果。

六、直升机螺旋桨效果

直升机螺旋桨的旋转效果。

七、利用粒子系统创建自定义特效

除常见的视觉特效外，Vega 还提供了一种利用粒子系统创建自定义特效的功能。粒子系统是迄今为止计算机图形学中用于描述不规则的对象最成熟的理论之一，也是视景仿真领域模拟自然现象和特殊效果的方法中视觉效果最好的一种。粒子系统的基本思想是采用大量的、具有一定生命和各种属性的微小粒子图元作为基本元素来描述不规则对象。Vega 特殊效果模拟模块中的粒子系统始终面向视点的多边形来表示粒子，同时这些粒子都遵循简单的动力学规律。

八、Vega 中其他扩展模块的特殊效果

Vega 还提供了一些特殊应用模块，这些模块使 Vega 很容易满足特殊模拟要求，例如航海、红外线、雷达、高级照明系统、动画人物、大面积地形数据库管理、CAD 数据输入和 DIS 分布应用等。

第六章　粒子系统 API
及参数化编辑系统设计

　　粒子系统是用于不规则模糊物体建模及图像生成的一种方法，它是里夫斯（Reeves）于 1983 年提出的。此方法采用了一套完全不同于以往造型、绘制系统的方法来构造和绘制景物，景物被定义为由成千上万个不规则的并且是随机分布的粒子组成。这正符合物理学的定律："物体都是由最基本的微粒构成的。"那么粒子系统要解决的问题就是"粒子"的存在和运动遵循的规则及其所受的作用。一般来说粒子的数目可以达到几千甚至数十万。每个粒子都有一定的生命周期，每时每刻都在不断地运动和改变形态，粒子系统是诸多粒子的集合而不是个别粒子，形成了景物的整体形态和特征及动态变化。

　　粒子系统作为计算机模拟的一种常用方法，一般用于自然景物的动态模拟，粒子系统是迄今为止被认为模拟不规则模糊景物最成功的一种图形生成算法。粒子系统的特征体现了不规则模糊景物的动态性和随机性。粒子系统不是简单的静态系统，随着时间的推移，系统中不仅已有的粒子不断改变形状、不断运动，而且不断有新粒子加入，旧粒子消失。为模拟粒子的生长和死亡的过程，每个粒子均有一定的生命周期，经历出生、成长、衰老和死亡的过程。

第一节　粒子系统的描述和实现

粒子系统的理论主要包括以下内容：

（1）物质的粒子组成假设。粒子系统中，把运动的模糊物体看作由有限的具有确定属性的流动粒子所组成的集合，这些粒子以连续或离散的方式充满它所处的空间，并处于不断地运动状态，粒子在空间和时间上具有一定的分布。

（2）粒子独立关系假设。这里包含两个意思，一是粒子系统中各粒子不与场景中任何其他物体相交，二是粒子之间不存在相交关系，并且粒子是不可穿透的。

（3）粒子的属性假设。系统中的每个粒子并不是抽象的，它们都具有一系列的属性，比如质量属性、存在的空间位置属性、外观属性（如颜色、亮度、形状、尺寸等）、运动属性（如速度、加速度等）、生存属性（生命期）。其中速度、位置、颜色、亮度等属性随着时间都可以不断地发生变化。

（4）粒子的生命机制。粒子系统中的每一粒子都具有一定的生命周期，在一定的时间周期内，粒子经历新生、活动和消亡三个基本生命历程。

（5）粒子的运动机制。粒子在存活期间始终是按一定的方式运动的。

（6）粒子的绘制算法。

一、粒子系统的形式描述

一个粒子系统模型可用下述方法来描述。

定义 6.1　粒子定义为实数域上的一个 n 维向量，表示为：

$$P^n = \{Attri_1, \ Attri_2, \ \cdots, \ Attri_i, \ \cdots, \ Attri_n \mid n \geq 3, \ n \in 1\} \quad (6.1)$$

其中，$Attri_1$，$Attri_2$，…，$Attri_i$，…，$Attri_n$ 是粒子的 n 个属性，I 是某粒子的 n 个属性的集合。一般包括粒子的空间位置、运动速度及加速度、大小、颜色、亮度、形状、生存期及剩余生存期等。单个粒子是组成粒子系统的基本元素。

定义 6.2　粒子映射为上述单个粒子到正整数集的映射，其中每一个粒子具有一个索引，用 $Q(t)$ 表示 I_t，到 P^n 的映射：

$$Q(t) = \{ P^t : I_t \to P^n \mid I_i \subset J, \ n \in I, \ t \in R \} \qquad (6.2)$$

式中，I_t 为 t 时刻粒子的状态；J 为一系列与时间相关的粒子的性质和状态的集合。

定义 6.3　粒子系统为粒子映射的有限集合，表示为：

$$S(t) = \{ Q(t) \mid t \in \{ t_0, \ t_1, \ \cdots, \ t_m \} \} \qquad (6.3)$$

其中，$S(t)$ 表示粒子系统在时刻 t_0，t_1，…，t_m 的状态集合，$S(t_0)$ 是初始时刻粒子系统状态。

二、粒子系统的基本结构

粒子系统的基本结构大体分为三个部分：①粒子管理；②粒子存储；③粒子渲染。

三、粒子属性及实现过程

粒子具有一定的生命周期（即寿命），在每一时刻（比如在每一帧）里只有其中的一部分是"生存的"，因此在粒子系统的应用中，研究粒子的诞生、死亡的规律是比较重要的一个方面。在利用粒子系统方法进行模拟的过程中，对于粒子经过相同的算法处理自然会产生规律性的结果，反映到视觉效果上就表现为"图像非常规则"，具有"人工处理的痕迹"。为了解决这个问题，避免过分的规则性，在绝大多数建模和粒子处理过程中要引入"随机处理方法"。

在计算每一帧时，一般要进行以下的处理步骤：

（1）在这一帧期间诞生一些新的粒子；

（2）为每一个新诞生的粒子分配初始特性（如颜色、位置、初始速度、大小等）；

（3）遍历粒子，将所有到达生命周期的粒子除去；

（4）对保留的粒子按运动规则计算，并对其他的参数按控制原理进行更新；

（5）渲染粒子。

下面对上述五个部分分别讨论。

（一）粒子的产生空间、时间及数量

粒子的产生包括粒子产生的空间、粒子产生的时间以及数量。无论粒子系统的表现怎样，粒子总是产生在一定的空间范围内的，可以是平面、球面，也可以是圆形或环形等。除了确定产生粒子的空间范围外，还需研究粒子的初始分布规律。粒子的诞生由随机过程控制。一般的方法是，设产生的粒子的坐标为 x、y、z，则它们满足一个约束方程，表示为 $f(x, y, z) = 0$，且服从某一概率分布 $P(x, y, z)$，常用的分布方法有均匀分布、高斯分布等。

粒子诞生的数量直接影响模糊物体的密度。粒子产生的时间影响着模糊物体的运动特征。粒子系统中粒子的产生分两部分。一是初始时刻产生的粒子，这部分粒子的数量十分关键，一般较大，它在很大程度上决定了模糊物体的形态；二是为了补充系统中消亡的粒子，每隔一定的时间周期产生新的粒子。

粒子通过受控的随机过程加入粒子系统中，在系统确定初始粒子数量时，一般采用下述两种途径。

（1）预先设定粒子数量的平均值和随机变化范围。实际粒子数量由下式确定：

$$\text{NPartS}_f = \text{MeanPartS}_f + \text{Rand}（）\times \text{VarPartS}_f \qquad (6.4)$$

式中，MeanPartS_f 是预先设定的粒子数平均数，Rand（）是一个返回在 -1.0 到 +1.0 之间均匀分布随机数的过程，VarPartS_f 是预先设定的随机数分布范围。

（2）依赖于被描述物体在屏幕上显示区域的大小。预先设定的只是单位尺寸显示区域上粒子的数量及其随机分布范围，在生成新粒子时，系统根据透视投影参数计算出被显示物体在屏幕上所占区域的尺寸，然后依据该尺寸确定生成的粒子数。公式如下：

$$\text{NPartS}_f =（\text{MeanPartS}_{sa} + \text{Rand}（）\text{XVarPartS}_{sa}）\text{XScreenArea} \qquad (6.5)$$

式中，MeanPartS_{sa} 是预先设定的单位显示区域内粒子数平均数；VarPartS_{sa} 是单位显示区域内粒子数的随机变化范围；ScreenArea 是粒子系统显示区域的面积。这种方法的优点是可以控制粒子系统的细节程度与屏幕显示区域相一致。

实现时，为了使系统在亮度上产生强弱的闪烁变化，每个时间周期（每帧）内产生的粒子数量也可由一个随机过程控制，如设定平均数及变化率，一般地可采用下面公式：

$$\text{MeanPartS}_f = \text{InitialMeanParts} + \text{DeltaMeanParts} \times（f - f_0） \qquad (6.6)$$

式中，f 为当前帧数，f_0 为粒子系统激活的第一帧，InitialMeanParts 为第一帧时的粒子数的均值，DeltaMeanParts 为粒子数的变化率。

在上述两种方法中都用到粒子数量的平均值，这个数值的确定是一个经验值，一般需要实验得到。粒子的数量直接关系到图形的逼真度和实时性，它是粒子系统最重要的参数之一。它决定了模糊物体的密度，数目过小，图形将会严重失真，然而失真度与粒子数量并不是严格的线性关系。当粒子数量过多时，计算及绘制的时间增大，又会使粒子系统的实时性严重下降，二者同样不成线性关系。合适的粒子数量仅仅局限在很小的区域中，因此选择合适的粒子数量非常关键。一般需根据图形的真实感和实时性在实际中的重要程度，来确定粒子数量的范围。

（二）粒子的属性

对每个新产生的粒子，系统都要赋予其一定的属性，在粒子系统中，粒子属性，一般都包括空间位置属性、外观属性、运动属性、生存属性等。

当粒子诞生的时候，按照某种规则分配以属性参数的具体值。在这一操作中显然要随机处理，否则粒子的初始将非常规则，最终的效果也会非常规则。形状参数、颜色、透明度是用来控制显示效果的属性参数，它的选择与模拟的对象和采用的图形系统都有关系。一般常采用年龄和生存期一同来控制粒子的诞生和死亡。之所以采用两个参数是为了复杂的模拟的需要，对于很简单的模拟，有时采用生命周期就可以了。对每一个新诞生的粒子都必须赋以初始属性，如初始位置、速度、颜色、透明度、尺寸形状、生存期等。

1. 空间位置属性

空间位置属性包括初始位置坐标和方向。在一个粒子系统中通常有几个参数来确定粒子的初始位置，首先是粒子在三维空间中的几何坐标 (x, y, z)，它决定了粒子在空间中的方位；其次是粒子在空间中的方向，它由粒子的本地坐标系统旋转得到，可表述为一个二维向量（angx, angy），分别表示粒子绕由粒子中心决定的本地坐标系的 x 轴和 y 轴旋转的角度。

粒子的初始位置 $P(f_o)$ 由粒子的诞生区域决定，同时，诞生区域也决定粒子的初始运动方向。一般对于球形诞生区域，粒子从粒子系统原点沿球径向外运动。对于圆形或矩形诞生区域，粒子以一定的喷射角 a 离开所在的平面向外运动。

2. 外观属性

（1）初始尺寸。在确定粒子的初始形状时，其尺寸往往同时被确定下来，之所以要将粒子尺寸作为一个单独的属性是因为粒子大小决定了生成图形的粗糙度和分辨率。粒子尺寸越大，生成图形的真实感越差，但由于计算量减小，图形的实时性（帧数）将增加；反之，当粒子尺寸减小，图形分辨率高，真实感强，但由于计算量增加，实时性将下降。在实现过程中，粒子的尺寸体现了图形实时性和真实感的折中。

（2）初始颜色。粒子的初始颜色分量包括粒子的三原色值（R，G，B）和粒子的透明度值（Alpha），粒子颜色的初始值由以下两式确定：

$$\text{InitialColor}(R, G, B) = \text{MeanColor}(R, G, B) + \text{Rand}() \times \text{VarColor}(R, G, B) \tag{6.7}$$

$$\text{InitialColor}(\text{Alpha}) = 1.0 \tag{6.8}$$

系统根据被模拟不规则物体的特性确定粒子的颜色值，并且可以将粒子的透明度统一设为 1.0（不透明）。在需要透明度不一致时，可以设粒子的初始透明度为：

$$\text{初始透明度} = \text{粒子的平均透明度} + \text{Rand}() \times \text{粒子的透明度方差} \tag{6.9}$$

（3）粒子形状。最简单的粒子系统将粒子的初始形状设为点，在实现时只需用一个像素来显示。这样可将系统用于计算和显示单个粒子的时间复杂度减至最低程度。在较复杂的粒子系统中，单个粒子的形状可以采用线段、多边形、圆形、椭圆、球体等具有一定结构的复杂体素，以取得较好的视觉效果。然而引入较复杂的粒子是以加大系统计算量、减少一定的实时性为代价的。

3. 运动属性

运动属性指初始速度（大小和方向）。粒子的初始速度由速度大小和速度方向两部分组成。速度的大小可由下式确定：

$$InitialSpeed = MeanSpeed + Rand（）\times VarSpeed \qquad (6.10)$$

式中，MeanSpeed 和 VarSpeed 是粒子系统中的两个系统参数，分别表示粒子的平均速度和随机变化范围。粒子的速度方向由特定的粒子系统模拟的不规则物体特征决定，可以是某一固定方向或某区域内随机方向。

4. 生存属性

粒子的生存属性即生命期，它确定了粒子在系统中存在时间的长短，描述时间的单位可以是帧数或系统的时钟周期。用帧数描述粒子生命期的优点是简单明了且实现容易，如在第 7 帧某个粒子的生命期可用下式表示：

$$Lifetime（T）= InitialLifetime - T \times Attenuationperframe \qquad (6.11)$$

式中，InitialLifetime 是粒子的初始生命期，在粒子初始化生成时由系统设定；Attenuationperframe 是每帧的粒子生命衰减率，表示每经过一帧粒子减少的生命数。使用帧数作为粒子生命期单位的缺点是生成图形的复杂度将影响粒子生命期长度，从而带来时间单位的不确定性。例如，在复杂的环境背景中绘制不规则物体时，系统时间的开销将远大于在无任何背景的情况下计算和绘制同一个不规则物体所花的时间。因此系统生成一帧图形的时间也将随图形复杂度增加而增加，而模糊物体持续的时间一般都不长，从而造成图形真实感下降。

另外一种描述系统生命期的方法是采用系统的时钟中断作为粒子生命期

单位。这种方法的优点在于使时间单位独立于生成图形的复杂度，消除了使用帧数作为时间单位所带来的粒子系统生命期依赖于绘制背景复杂度的缺点，从而提高了图形的真实感。然而这种方法的缺点是系统要为粒子生命期设立时钟中断的消息映射，每次时钟中断时系统都要为每个粒子修改参数，增加了系统开销，在一定程度上降低了实时性。采用并行存储器技术可在一定程度上解决这一问题。

通过上面介绍可以看出，一般的属性都可以归结为下式来计算：

$$\text{Property}(f_0) = 属性的均值 + \text{Rand}() \times 属性的方差 \qquad (6.12)$$

这里属性的均值和方差都由用户根据所模拟的具体对象来定义。

（三）粒子的运动状态

在利用粒子系统方法模拟过程中，每一个"活着的"粒子在其生存期间都要显示出动态的效果，这就意味着不仅粒子的位置和速度是变化的，它们的显示性质（形状参数、颜色、透明度）也是变化的。对于位置，它的更新依赖于速度和时间间隔，可见速度更新是问题的关键。粒子速度的变化的机理视要模拟的对象而异，常见的有重力影响、全局的场（如风力场）、局部的场（如旋涡、热的扩散场）、与环境中物体的碰撞作用等。对于显示，粒子的颜色和透明度可以是不同量的函数；粒子的形状参数有些情况下是不变的，有些情况下可以是速度大小的函数，也可能是其他性质参数的函数。

可变粒子动态描述了粒子在三维空间中的状态变化过程，状态变化包括粒子空间位置、速度、形态和颜色的改变。某一帧粒子空间位置可以由其速度和上一帧的位置得到。为了模拟复杂环境中粒子的运动，可以引入"场"的概念，如重力场、风力场、电磁场等，通过控制这些场的参数，就可以控制场中粒子的运动轨迹。粒子颜色、透明度和形态的变化通过控制相应变化参数来实现。

对最简单的粒子在三维空间中的运动可由以下两式描述：

$$V = V_0 + \int A dt \qquad\qquad (6.13)$$

$$P = P_0 + \int v dt \qquad\qquad (6.14)$$

式中，P 为位置；V 为速度；A 为加速度。粒子的状态变化可用下面方法进行计算。

1. Euler 方法

$$V(t + \triangle t) = V(t) + A(t) \times \triangle t \qquad\qquad (6.15)$$

$$P(t + \triangle t) = P(t) + V(t) \times \triangle t \qquad\qquad (6.16)$$

2. Heun 方法

$$V(t + \triangle t) = V(t) + \frac{A(t) + A(t + \triangle t)}{2} \times \triangle t \qquad\qquad (6.17)$$

$$P(t + \triangle t) = P(t) + \frac{V(t) + V(t + \triangle t)}{2} \times \triangle t \qquad\qquad (6.18)$$

3. Runge–Kutta 方法

$$V(t + \triangle t) = V(t) + \frac{A(t) + 4 \times A(t + \frac{1}{2}\triangle t) + A(t + \triangle t)}{6} \times \triangle t$$

$$(6.19)$$

$$P(t + \triangle t) = P(t) + \frac{V(t) + 4 \times A(t + \frac{1}{2}\triangle t) + A(t + \triangle t)}{6} \times \triangle t$$

$$(6.20)$$

4. Leapfrog 方法

$$V(t + \triangle t) = V(t) + \frac{A(t) + A(t + \triangle t)}{2} \times \triangle t \qquad (6.21)$$

$$P(t + \triangle t) = P(t) + V(t + \frac{1}{2}\triangle t) \times \triangle t \qquad (6.22)$$

粒子由于受到外力作用而产生加速度，其运动方式发生改变，如匀加速度运动、随机加速度运动。对于趋向一点的运动和趋向一线的运动，其加速度方向指向趋向的点或线，大小取决于粒子距点或线的距离。由于空气摩擦的作用，粒子将产生衰减运动。

（四）粒子的消亡

粒子产生后，经过一定的时间间隔，由于某种原因从系统中被除去的过程称为粒子消亡过程。通常粒子消亡由两种原因引起。一种是由于粒子的生命期已经减少至零，表明粒子的寿命已到，成为死亡粒子而被粒子控制机制从系统中除去。另一种是粒子生命期尚未到零，但由于其他原因成为废弃的粒子从系统中除去。

一般方法是粒子一诞生就被赋予生命周期 $L(f_0)$，它用帧数来度量，随着粒子一帧一帧地运动而递减，即 $L(f_i) = L(f_i - 1) - 1$ 递减到零时粒子死亡，将其从系统中删除。也可以用粒子的年龄值来度量，粒子诞生时年龄为 0，它随着粒子一帧一帧的运动而递增，当粒子的年龄达到生命周期时，粒子死亡，从系统中删除。还可以采用其他方法来衡量粒子的存亡。如果粒子的颜色和透明度低于某个限定值，或者粒子的运动超出给定的范围，则认为粒子死亡，将其从系统中删除。总之，粒子的产生、活动、死亡这三个阶段构成了一幅动态进行的画面。

（五）粒子的渲染

在某一帧的粒子状态被全部确定以后，粒子控制机制即调用绘制函数将其送往显示缓存，粒子的绘制与普通图形体素如多边形和曲线的绘制并没有多少区别，也存在遮挡、反走样等问题。由于粒子存在于三维空间中，每个粒子都带有其自身的深度信息，在绘制时也要解决遮挡和部分透明物体重叠等绘制规则图形体素的问题，并且基于粒子系统的不规则物体可以与基于面片的规则物体存在于同一场景中。由于粒子本身形态的不同，绘制的方法也都有所区别。

1. 点粒子的绘制

在 Reeves 的粒子系统中，为了简化绘制算法做以下两条假设：

首先，假设粒子系统中的所有粒子都以点光源（粒子光源）绘制，这样假设的目的是避免在解决遮挡和碰撞时对大量粒子进行 z 轴上的深度排序，从而减少了大量机器时间。在以点光源形式绘制粒子时，映射在任何像素上的光强和颜色都可以看成所有映射在该点的粒子的光强和颜色的简单叠加，从而避免了大量排序操作。此外这条假设中包含了一条隐含假设，即粒子光源的光强独立于粒子到视点的空间距离，光强不随粒子到视点距离的增加而减小，因此映射到同一像素上的各粒子的光强可以不必经过深度排序而直接简单叠加。

其次，假设绘制时只考虑不规则模糊物体本身，即粒子系统中的各个粒子与虚拟环境中的其他规则物体不会出现交错、融合与碰撞检测计算，因此只对系统中的粒子进行绘制。

2. 面粒子的绘制

为了显示更多的空间信息，斯托尔克（Stolk）和范威克（VanWijk）提出了面粒子的方法，他们把粒子造型为非常小的、能反射有向光源的面片，用面粒子可构造出离散的流面和时面。每个面粒子都有几何和时间属性，为计算粒子的光亮度，在面粒子上附加法向矢量，法向矢量取决于显示面类型，而显示面类型又由粒子源的形状和粒子的释放时间决定。粒子源定义了粒子的起始位置，初始粒子可以规则地或随机地分布在线段的长度上、多边形的区域内或实体的面上。粒子可连续或离散地以等间距的时间间隔或随机地释放，面的透明度依赖于粒子的密度。如果粒子源连续地释放点粒子，产生的就是流线；如果粒子源连续地释放线粒子，则产生流面。面粒子的绘制之前，首先计算粒子的亮度和颜色，再经过裁剪将粒子变换到屏幕空间，然后经过扫描转换，最后被显示。韦克（Wijk）成功地将其用于 3D 流场的可视化。

3. 线性粒子的绘制

西姆斯（Sims）提出了一种适于并行实现的更一般、更灵活的绘制粒子的方法。每个粒子都由一个头和一个尾定义，头和尾都有自己的位置、半径、颜色、不透明度等属性。运动粒子的形状由两个圆组成，中间用切线相连，所有的参数都可由从头到尾的一个线性插值得到，不透明度从圆盘中心的 1.0 到边缘的 0.0 按线性函数或高斯函数逐渐递减。

线性粒子绘制时，首先将粒子的头尾位置和半径转换到屏幕坐标系，其次将粒子分割为像素级的基片，这些基片包含颜色、透明度和深度信息，然后按深度进行排序，进行隐藏面计算，以得到最终显示的像素的颜色信息进行显示。

4. 随机形状粒子的绘制

赫因（Hin）和波斯特（Post）用粒子方法来显示三维湍流场。他们从粒子的运动轨迹出发，将湍流分解为一个向前的运动和一个湍流运动。向前的运动直接由一个平均速度场描述，湍流运动由一个涡流扩散方程描述，在粒子路径生成的每一步，都加入一个由局部涡流扩散率决定的扰动，这形成了粒子的随机运动效果，大量粒子的整体行为模拟出一个很好的湍流效果。

以上四种绘制方式都在可视化中得到过应用，并收到了良好的效果。在绘制的过程中都要利用光照、浓淡及消隐处理等技术实现对粒子的渲染绘制。

第二节　　粒子系统应用程序接口的设计

面向对象技术的主线是强调复用，也就是利用已有的模块或框架构造新的系统。像 C++ 这样的面向对象的程序语言是通过继承来实现复用的，C++ 的基本特点就是抽象、继承和封装。

所谓接口继承，就是公有继承一个含纯虚函数的抽象类，这个抽象类的操作的集合就称为一个接口，通过接口，客户程序可以调用不同子类的具体实现。而实现继承是基类中对算法进行了部分实现，子类在实现自己功能时可以调用基类的实现。本章的粒子系统模块化使用的是接口继承的方法。类继承是一个通过复用基类的功能而扩展应用功能的机制，它可以根据旧对象快速定义新对象，允许从已存在的类中继承绝大部分功能。在接口继承中，所有从抽象类中导出的类共享抽象类的接口，子类仅需要添加或重新定义操作，所有子类都能响应抽象类接口中的请求。这样，不将变量声明为某个具体子类，而让它遵从抽象类所定义的接口，有相同接口的不同子类实现了不同的功能，但对客户来说，他们只见到接口，而不关心不同子类的不同实现。

这就是针对接口编程，而非针对实现。有相同接口的子类的集合就形成了有相似功能的统一的模块，这也是本章粒子系统模型所遵从的基本原则。

一、基于 UML 的粒子系统接口

当前对粒子系统的研究中多是针对某种具体的粒子系统的建模和实现。如研究火焰的生成，只讲导弹尾焰的建模方法，而没有对粒子系统进行系统的集成和封装，使其模块化。虽然模拟这些自然景物所采用的粒子结构和显示方法等具体过程不大相同，但有其共性。可把这些共性抽取出来，构造为粒子系统的基本结构，当模拟具体景物时，在基本结构的基础上派生出具体数据结构，这样可以提高代码的重用性。这里利用面向对象 C++语言将已有的算法集成，形成模块，统一了粒子系统与应用程序的应用接口，为视景仿真系统的调用提供了便利。

UML（Unified Modeling Language）又称统一建模语言或标准建模语言，是始于 1997 年的 OMG（Object Management Group）对象管理组织标准，它是一个支持模型化和软件系统开发的图形化语言。面向对象的分析与设计（OOA&D）方法的发展在 20 世纪 80 年代末至 90 年代中出现了一个高潮，UML 就是这个高潮时期的产物。它不仅统一了波奇（Booch）、伦堡（Rumbaugh）和雅各布森（Jacobson）的表示方法，而且对其作了进一步的发展，并最终统一为大众所接受的标准建模语言。本节所讨论的就是将已经很成熟的粒子系统设计封装在一个由 UML 给出的统一接口框架中。粒子系统是由大量粒子所组成的，要定义一个粒子系统，必须先定义粒子系统中的粒子的属性和行为。一个典型的粒子如前所述，应该包含粒子的位置、速度（Velocity）、颜色（Color）、透明度（Alpha）、生命周期（Life）等。Particle 为单个粒子的一个简单模型，类图给出了粒子的属性，这个粒子模型尽管是最简单的，但在具体应用中可以对其扩展。

在面向对象语言 C++，Java 中，接口就是一个供子类实现让客户调用的一系列抽象行为的集合。客户程序就是通过这个接口来调用不同具体粒子系统的。这个接口给出了粒子系统生存周期中不同阶段的行为，包含了粒子系统全部意义上的抽象行为，它是一个完备的抽象集合。IntiSystem 函数用来对系统进行初始化，对系统初始化要根据特定的系统、特定的粒子系统结构，因此，初始化工作一定要延迟到具体的子类中实现；UpdateSystem 函数是对粒子系统的属性进行更新，更新要根据粒子的运动特点和系统要实现的效果，因此其实现也应延迟到子类中；RenderScen 是用于粒子系统显示的函数，由于粒子系统是运动的，因此在粒子属性更新后，要根据计算出的新属性值重新显示粒子系统；ControlSystem 是用于用户和系统交互的，当用户需要对粒子系统控制时，用到此函数，例如正在燃烧的火焰，用户还可以加入风，让火焰倾斜等。DistroySystem 函数用来释放粒子所占用的资源。定义一个粒子系统接口初始化的过程可用如下 C++的示意代码表示：

```
template<classT>
classParticleSystem
{
Public；
virtual void InitSystem （T InitialConditions） = 0；
virtual void UpdateSystem （） = 0；
virtual void RenderScene （） = 0；
virtual void ControlSystem （T ControlVar） = 0；
virtual void DistroySystem （） = 0；
}
```

其中，T 是具体粒子系统中根据粒子属性所定义的粒子的数据结构，客户应用程序在调用具体粒子系统时，给出相应的 T。将每个粒子系统中的粒子属性结构类型声明为公有的，利用给 T 赋值 ConcreteSystem. Particle 即可实现粒子系统。

二、粒子系统层次结构关系

上面定义了粒子系统的接口，接下来定义子类和基类的层次结构关系，使粒子系统模块化。在面向对象的设计思想中，接口对客户而言提供了一系列的通用操作，客户可以使用相同的方法操纵不同的模型（即这些方法适合所有结构的子类）；对子类，只需实现接口所设定的功能，或者扩展接口的行为。在实现具体粒子系统时，用户只需遵从接口的操作，熟悉子类的功能，利用接口实现设定的行为，实例化子类即可。接下来主要的工作就要用了类来具体实现粒子系统。

首先定义类的继承关系。

几个具体的粒子系统子类：Fire、RainExplosion、Fountain 实现了接口，这几个子类可能还有子类，如 Fire 和 Fountain 类；由于粒子系统是由许多粒子组成的，ParticalSystem 负责对多个 Partical 进行操作，对其产生、演化、死亡等行为进行管理，因此图中 ParticleSystem 中聚合了多个 Partical 类。

粒子系统中的粒子大多还要加入纹理映射，而对不同的系统、不同的纹理来源，纹理产生的方式也是不一样的，需要对纹理进行管理。所以具体的粒子系统 ParticalSystem 必须和指定的纹理管理系统 TextureManager 接口相关联。而对于不同的纹理来源，会有不同的操作方式，由 BitmapReader 来实现位图纹理管理，由 rgbReader 实现对 rgb 格式图形的纹理管理，当然还可以扩展此接口，对其他格式的图形纹理进行管理。

此模块针对粒子系统来说接口统一，易于扩展。可以将新的粒子系统继承于 ParticleSystem 之中；可以将新的纹理管理算法继承于 TextureManager 下；上两个模块可被客户代码方便调用，很容易移植到虚拟视景仿真系统中。

三、粒子系统应用程序接口（API）设计

粒子系统 API 是封装了粒子系统原理，供程序员使用的快速开发三维场景中特殊效果的一组应用编程接口。为了满足使用要求，系统 API 的设计必须满足以下基本要求：

（一）实时性

API 的主要使用范围将是实时视景仿真系统，这就要求系统使用的算法简洁高效，以便 CPU 有足够的时间运算，从而保证了使用本 API 的应用程序能有很高的画面帧率。

（二）灵活性

粒子系统的 API 应该能够保证用户用以开发多种不同的基于粒子系统原理的特殊效果，基于这个原因，API 不仅应该包含基本的粒子重力、碰撞设置，还应该封装如喷泉、火焰这样的现成模块。此外，系统还应面对不同使用层次的使用要求，提供可选的渲染质量级别。

（三）抽象性

与系统硬件无关性，在支持 OpenGL 接口的硬件系统上均能使用。

（四）易用性

本章的粒子系统 API 是供程序员使用的，粒子系统的接口应该符合程序员使用的习惯，并且容易学习，能让程序员快速掌握系统 API 的功能和使用方法，这样才能便于系统的推广使用。

采用面向对象技术进行 API 设计。面向对象技术的主线是强调复用，也就是利用已有的模块或框架构造新的系统。像 C++ 这样的面向对象的程序语言是通过继承来实现复用的，C++ 的基本特点就是抽象、继承和封装。这里首先明确两个概念：接口继承和实现继承。接口继承就是公有继承一个含纯虚函数的抽象类，这个抽象类的操作的集合就成为一个接口，通过接口，客户程序可以调用不同子类的具体实现。而实现继承是基类中对算法进行了部分实现，子类在实现自己功能时可以调用基类的实现，本章的粒子系统 API 用的就是接口继承的方法。

类继承是一个通过复用基类的功能而扩展应用功能的基本机制。它可以根据旧对象快速定义新对象，允许从已存在的类中继承绝大部分功能。在接口继承中，所有从抽象类中导出的类共享抽象类的接口，子类仅需要添加或重新定义操作，所有子类都能响应抽象类接口中的请求。这样，不将变量声明为某个具体子类，而让它遵从抽象类所定义的接口，有相同接口的不同子类实现了不同的功能，但对客户来说，他们只见到接口，而不关心不同子类的不同实现。这就是针对接口编程，而非针对实现。有相同接口的子类的集合就形成了由相似功能的统一的模块，这也是本节研究的粒子系统 API 所遵从的基本原则。

本章中的 API 函数名称均采用 C++ 风格命名。为了系统的统一性和易用性，API 函数的具体名称都采用 apFunctionName 的形式，大多数的函数参数都有初始的默认值，以方便用户快速开发和调试。API 包含四种类型的函数：操作和管理粒子群组的函数、设置当前粒子组状态的函数、激活粒子组的函数、创建和管理已激活的粒子组列表的函数，下面一一介绍。

1. 粒子组函数

粒子群组是具有相同行为属性的大量粒子的集合，也是粒子系统研究中的一个基本单位。系统中可以同时存在多个粒子群组，通过对粒子群组各项属性的控制，实现对整个粒子系统的控制，产生预期的画面效果。这组功能 API 的主要函数如下：apGenParticleGroups，它的功能用于产生一个粒子群组；apCurrentGroup，其功能用于选择当前粒子群组，该函数返回当前粒子群组的 ID；由于初始化的粒子群组是空的，这时需要一个 apSource 函数，为其设置一个产生粒子的粒子源；apSetMaxParticles，用来设置粒子群组的最大粒子数量，当粒子群的粒子数达到最大值时，粒子数目将无法再增加。

2. 粒子组属性设置函数

粒子组属性设置函数的主要功能是对当前粒子组的属性进行设置。这组函数主要有 apGravity、apState、apMove、apSourcetype。其中，apGravity 用于设置粒子组所受重力场的情况，可以在空间三维坐标上进行设置，经过矢量运算可以实现空间任意方向上的力场；apState 用于设置粒子组的状态，可选为静态或动态；当粒子组的状态为动态时，apMove 用于设置粒子组运动的方式，可设置粒子组按直线平移，绕圆心旋转运动；apSourcetype 用于设置粒子组所用粒子源所用的发射方式，可设置为一次性爆发式和连续式。

3. 粒子属性设置函数

粒子组的主要功能是产生和发射粒子，所谓的粒子其实就是用 OpenGL 函数画的简单的面，一般为四边形。这里设计了一组函数，专门用于设置单个粒子的形状、颜色、大小等。由于各个粒子需要表现出一定的随机性，所以这里还加入了表示这些属性随机性变换范围的函数。其主要函数如下：apColor，用于设置粒子颜色；apColorD，用于设置粒子颜色的变化范围；apSize，用于设置粒子大小；apSizeD，用于设置粒子大小变化范围；apVelcity，用于设置粒子速度；apAge，用于设置粒子生命周期；apAgeD，用于设置周期变化范围。

4. 粒子组列表函数

随着粒子系统的广泛应用，很多情况下一个粒子群组难以模拟太过复杂的场景。为此在一个场景中加入多个粒子组，它们有各自不同的属性，它们一起可以完成一个复杂性很高的场景。为了方便多个粒子组的管理，设计了一组粒子组列表函数，把多个粒子群组设置为一个列表，表现一个特殊效果。这组函数主要有：apCallList，调用一个粒子组列表；apGenList，生成一个粒子组列表；apAddToList，将粒子组加入列表；apRemList，将粒子组从列表移除。通过以上各组函数的使用，开发人员不用进行复杂的底层程序设计就可定制自己需要的粒子系统，得到需要的场景特殊效果，使用 API 的各组函数实现了一个特殊效果的过程。

由此可见对粒子 API 的封装是一项很有意义的工作。它不需要程序员再设计复杂的程序实现粒子系统，而只需从自己的实际应用出发，使用粒子系统的 API，对粒子系统进行从单个粒子到整个粒子组的控制，即可轻松实现自己想象中的粒子系统。

四、粒子系统 API 在仿真中的应用

视景仿真系统主要由粒子系统、运动学系统、视点管理、纹理管理、模型管理等模块组成，每个代码模块都是由 C++实现的动态链接库（D11），每个模块都提供了公用的接口，以供视景仿真系统调用。

第三节　参数化粒子编辑系统的设计与实现

一、参数化粒子编辑系统功能简介

根据粒子方法的共性特点，本节针对目前粒子系统算法研究的现状，利用通用的算法和面向对象的结构设计方法和随机纹理控制的方法，开发一种参数化粒子编辑系统。该系统不仅可以实现多种特殊效果，还可以完成其他建模软件难以实现的过程式模型。

构造可视化系统的建模技术一般分为两类：几何建模和行为建模。几何建模处理物体的几何和形状的表示，而行为建模处理物体运动和行为的描述。粒子系统是解决计算机图形学领域复杂物体及过程建模的有效方法，这正是一种过程式模型。所谓过程式模型，就是利用计算过程中得到的各种要素数据生成的动态实时仿真模型。采用过程式模型进行建模有如下主要优点：

（1）采用精确的物理模型，增强了物体的真实感。

（2）包含了几何和行为模型，几何反映了行为。

（3）在有效的模型下，物体行为建模变得简单，只实现几何模型即可。

虽然目前粒子系统在虚拟视景仿真中得到广泛的应用，但现有的粒子系统算法繁多，基本上是不同用途的粒子系统有不同的对应算法，如果在同一场景中需要使用多种不同的粒子系统，就要编写各种对应的算法程序，增加了仿真系统设计的复杂性。目前只有一些国外的三维视景仿真软件将粒子系统的功能集成，如 MPI 公司的 Vega 和 Vega Prime 软件中集成的特殊效果模块。还有国外一些专家将不同粒子系统算法分别集成并以 API 的方式发布，这种方法从一定程度上解决了算法的集成问题，但是却不易推广使用，用户需要对这些 API 函数有非常深入的了解，知道每个函数的每个参数的意义并需要将所需要描述的模型抽象为函数，也就是说这种方式不能给用户一个所见即所得的效果。针对目前粒子系统算法研究分散的现状，开发出了一种基于通用算法的参数化粒子编辑系统。用户通过该编辑系统设置诸多相应的参变量，就不仅可以实现多种效果的模拟，如降雪、降雨、云彩、爆炸、瀑布、火焰、海洋、烟幕、气流、礼花、喷泉等，还可通过该系统编辑出无数种普通建模系统难以实现的过程式模型，如降雪后雪花堆积和融化的过程、火箭升空时尾部喷射火焰的动态过程等，并且还能方便地将这些特殊效果运用于实际开发的可视化仿真系统中去。

在 VC++6.0 环境下利用 OpenGL 函数库，采用粒子系统的基本思想实现了系统的开发。系统提供了一个简单易用、友好的用户界面，方便了各种过程式模型的建模。在系统中将窗口分为两部分，一部分是参数设置界面，另一部分为场景渲染界面，两个部分的大小可调，方便用户一边调整参数一边观察调试效果。该系统使用方便，只需用户在参数设置的面板上进行相应的设置便可以完成过程式模型的开发及应用。参数化粒子编辑系统的设置面板包括五部分功能：

（1）粒子基本属性：包括粒子颜色、大小、寿命、速度等参数的设置；

（2）粒子纹理属性：选择粒子所用纹理及随机纹理变换时使用的相关纹理组；

（3）重力场设置：可改变粒子所处的重力场环境；

（4）粒子源控制：可设置粒子源的空间位置以及设置粒子源的运动属性；

（5）环境设置：包括系统中地面的选择和地面反弹性能设置及背景颜色

设置。

用户通过这五大部分设置即可完成一个过程式模型的建模工作，此外还在系统中加入静态及动态画面捕捉功能，方便用户将一些效果输出保存。

二、基于过程式模型的粒子编辑系统设计

粒子系统的基本思想是采用许多形状简单的微小粒子作为基本元素来表示不规则的模糊物体。这些粒子都有各自的生命周期，在系统中都要经历"产生""运动和生长"及"消亡"三个阶段。粒子系统是一个有"生命"的系统，因此不像传统方法那样只能生成瞬时静态的景物画面，而是产生一系列运动进化的动态画面，这使得模拟动态的自然景物和建立过程式模型成为可能。

粒子系统采用随机过程来控制粒子的产生数量，确定新产生粒子的一些初始随机属性，如初始运动方向、初始大小、初始颜色、初始透明度、初始形状以及生存期等，并在粒子的运动和生长过程中随机地改变这些属性。粒子系统的随机性使模拟不规则模糊物体变得十分简便。

（一）参数化粒子编辑系统的设计思路

粒子系统中粒子由位于空间某处的粒子源产生。每个粒子有一组属性，如位置、速度、生命期等。一个粒子究竟需要有哪些属性，主要取决于具体系统的应用。根据本系统的通用特点，为了适应该系统在各个不同领域内的使用，在本系统的开发中，系统不仅集成了粒子的诸多有用属性，而且实现了这些属性的参数化控制。通过对该系统中的粒子参数及其他辅助参数的控制，可以在该系统中完成诸多过程式模型的建模工作。

每个粒子基本属性反映了粒子运动的规则性。这里定义的基本粒子属性

如下：

　　float LifeTime；//粒子的生命长短

　　float AlphaStart；//粒子的初始透明度

　　float AlphaEnd；//粒子消亡时刻的透明度

　　float SizeStart；//粒子的初始大小

　　float SizeEnd；//粒子消亡时刻的大小

　　float Speed；//粒子速度大小

　　float Theta；//粒子的散射程度

　　float RStart，GStart，Bstart；//初始颜色设置

　　float REnd，GEnd，Bend//消亡时刻颜色设置

　　为了真实地模拟各种过程式模型，粒子系统中的粒子在按一定规则运动的同时又需要表现出一定的随机性。为了描述这种随机性，在粒子属性的定义中又增加了以下一些辅助变量：

　　float LifeVar；//粒子生命的变量

　　float AlphaVar；//粒子透明度变量

　　float SizeVar；//粒子大小的变量

　　float SpeedVar；//粒子速度的变量

　　其中各个变量描述了粒子源产生的大量粒子遵从基本粒子属性设置的程度，当它们的值为 0.0 时，粒子的存在将严格遵从基本属性量的大小，不表现出任何随机性，而当这些值足够大时，粒子会表现出相当大的随机性。下面的示意代码说明了粒子大小的随机性控制问题。

　　Particles. Size = SizeStart+RANDOM_ NUM * SizeVar

　　其中 RANDOM_ NUM 为一个随机数，服从 [0，1] 上的正态分布，粒子大小的随机程度受 SizeVar 控制，其他属性的随机程度问题也同理。

　　在一般的粒子系统中，粒子的绘制都是在一个四边形上进行纹理映射实现的，所以一个粒子系统所描述的过程式模型的逼真度受到粒子系统所使用的纹理质量的很大影响。要提高模型的逼真度，必须使用好的纹理。但是单一的纹理在许多过程式模型中不易得到理想的效果，为此在本系统中加入了纹理随机变化控制。具体做法是首先选择需要的一组相关纹理，然后在粒子绘制时随机使用这组纹理中的其中之一。粒子的绘制过程由如下的示意代码描述：

glGenTextures（10，TextureGroup）；//生成一组相关纹理对象

n=（int）RANDOM_ NUM * 10//产生一个随机数

glBindTexture（GL_ TEXTURE_ 2D，Texture［n］）；//实现一种粒子纹理映射

RandomTextureControl（）//随机纹理控制

DrawParticle（）；//绘制粒子

（二）过程式模型的建立

　　一个过程式模型的建立是非常复杂的，需要考虑到诸多因素。另外粒子的存在也不是孤立的，它同时会受到外界因素的干扰，如受到重力场、风速等的影响。本系统中将这些外界干扰因素集成为一个广义的重力场属性，该广义的重力场可通过对三维空间的 x、y、z 轴方向同时施加不同的受力场，来实现在空间中任意方向上施加力。粒子本身固有的运动属性与外力场属性叠加，能更加真实地描述一个过程式模型。

　　一个过程式模型的建立过程采用以下示意代码实现：

structPOINTVECTOR｛floatx，y，z;｝；//定义一个结构

POINTVECTORGravity；//定义重力场

POINTVECTORSpeed；//定义粒子速度

POINTVECTORLoacation；//定义粒子位置

Location. x＝Speed，x＊Time+Gravity，x＊Time＊Time/2；

Location. y＝Speed，y＊Time+Gravity. y＊Time＊Time/2；

Location. z＝Speed，z＊Time+Gravity. z＊Time＊Time/2；

//实现运动属性与外力场属性叠加

为了使该粒子编辑系统产生更加逼真的效果，还在系统的可视化场景中加入了不同类型的地面供选择。该系统不仅实现了粒子与地面的碰撞检测，还给出了地面的反弹系数以表示粒子在与地面发生碰撞后的反弹性能，用户可根据不同的需求设置反弹系数，获得希望的效果。

粒子与地面的碰撞检测功能是通过检测粒子的位置矢量中的 Y 值与地面高度值的大小实现的。而反弹系数的值在粒子与地面发生碰撞后加权到粒子的反向速度上，从而达到反弹效果。下面的示意代码说明了粒子与地面的碰撞检测。

defineFLOOR-10. 0f //定义地面高度值

Float Boing；// 定义地面反弹系数

if（Location. y<FLOOR）// 如果粒子在地面以下

{if（Speed. y>-1. 0f）//粒子欲向地面以下运动

{Location. y= FLOOR；//其速度被置为 0，且位置被定在地面之上

Speed. y=0. 0f；}

else

{Location. y= PrevLocation. y；

Speed. y=— Speed. y ＊ Boing；} // 反弹系数起作用，实现粒子弹射

}

由以上过程式建模可以看出，过程式建模具有以下几个主要优点：

（1）采用精确的物理模型，增强了物体的真实感；

（2）模型包含了几何和行为，几何反映了行为；

（3）在有效的物理模型下，物体的行为建模变得简单，只要实现了当前的几何模型即可。

然而，粒子系统在描述过程式模型的时候也存在一定的局限性。多数粒子系统的粒子源是一个点源，即从空间中的某个点发出的，这个特点限制了许多过程式模型的建立或者说增加了模型建立的困难度，如要模拟一场降雨过程，就要在场景中形成一个雨幕，并要使雨滴自然下落，对这个场景的模拟，如果只使用一个固定的喷射式粒子源显然是很难达到预期效果的，而使用多个粒子源或用分层激活粒子组的方法，又增加了系统的复杂度和产生不必要的算法负担并破坏了系统的集成性。为了很好地解决这类问题，让粒子源由静态变为动态，并对其运动进行干预控制，以达到获得此类过程式模型建立的目的。

另外在过程式粒子编辑系统的设计中，在 x、y、z 轴三个方向上分别对粒子源的运动方式进行了控制，最后将其运动合成，系统中已实现了在 x、y、z 轴三个方向上的自定义直线运动，并对爆炸、降雨等一些过程式模型实现了逼真度很高的仿真。

综上所述，通过对粒子系统的各种参数设置及系统中其他因素的控制即可完成一个过程式模型的开发工作。

（三）面向对象的结构设计

本系统中有大量的参数需要提取出来并要向用户提供控制接口，采用面向对象的程序设计思想，使系统结构清晰，运行高效。面向对象方法是当今软件系统分析、设计与实现的最有影响的方法，其主要思想是强调复用，也就是充分利用已有的模块或框架，以构造新的系统。C++中的类继承是一种通过复用基类的功能而扩展应用功能的基本机制。它可以根据旧对象快速定义新对象，允许从已存在的类中继承绝大部分功能。将系统中的各种功能的实现集成在类中，通过高效的继承复用完成了系统开发。

参数化粒子编辑系统由如下三大部分构成，即粒子系统类 ParticleSystem、环境设置类 EnvSetting 和场景渲染类 RenderScene。ParticleSystem 表示了一个完整的粒子系统类，它包括了一个粒子系统所需的所有要素。其中，ParticleInitial 类表示了系统对粒子系统的初始化部分；ParticleControl 类接收用户的控制信息并更新粒子系统，它的下面有三个子类，分别是控制粒子基本属性的 AttributesControl 类、控制粒子系统外部干扰的广义重力场的 GravityControl 类以及对粒子纹理映射进行干预的 TextureControl 类。我们知道粒子系统是由大量的单个粒子来描述的，因此在这里把 ParticleSystem 类表示为 Particle 类的一个聚合。Particle 类包含了对粒子源进行控制的 PositionChange 类和 SrcMoveControl 类，它们分别控制粒子源的位置和运动属性。环境设置类 EnvSetting 是系统中的一个重要部分，它配合 ParticleSystem 类完成过程式模型的建立；GroundSetting 类是对系统中的地面进行设置的类，过程式模型中与地面碰撞检测及地面反弹效果都是由这个类来实现的；OtherSetting 类对场景环境的背景色等其他一些属性进行设置，改善了场景的显示效果。RenderScene 类进行场景渲染，最终得到过程式模型。

三、粒子编辑系统的效果展示

粒子系统的广泛应用为参数化粒子编辑系统提供了广阔的用武之地。我们已在该粒子编辑系统平台上实现了多种效果的模拟，如降雪、降雨、云彩、爆炸、瀑布、火焰、烟幕、气流、礼花、喷泉、实时动态海洋等效果，并实现了多种过程式模型，如：降雪后雪花堆积和融化的过程、火箭升空时尾部喷射火焰的动态过程等。

第七章 三维数字地形动态生成及修改技术

随着计算机软硬件技术的迅速发展，特别是计算机图形处理的能力大幅度提高，与三维计算机图形技术相关的可视化仿真技术应运而生，特别是近年来地理信息系统也得到了长足的发展，并且随着新的应用从二维向三维发展，地理信息系统的这些发展为许多应用如流域分析、防洪减灾分析、土木工程应用等提供了方便、直观的手段。在航天、航空、航海领域的可视化仿真都会涉及三维数字地形的模拟和实现问题，同时三维数字地形的生成、显示、动态调度和动态修改也是飞行模拟视景系统中的一项重要研究内容。本章主要给出了数字高程模型（Digital Evaluation Model，DEM）的规则格网模型、等高线模型、不规则三角形网模型，实现了三维数字地形的算法模拟和真实 DEM 数据模型的可视化显示，对三维数字地形动态修改进行了研究，并给出地形区域修改的方法。

第一节 三维地形浏览系统设计与实现

在人类文明发展的历史长河中，人们从来没有停止过对自身生活环境（地球表面）的探索研究，总是想方设法寻找一种既方便直观又准确的方法来表达实际的地形地貌，从而为不同的应用领域提供有效的服务。近年来随着电子技术、计算机科学、计算机图形学、计算几何、图论、分形几何及现代数学理论的发展，将现实世界的三维特征用计算机进行真实的再现已成为现实，三维地形的可视化技术也发展成为计算机图形学的一个分支，它的应用已涉及地理信息系统 GIS、虚拟现实及娱乐游戏等众多领域。

一、三维数字地形数据格式

数字地形模型（Digital Terrain Model，DTM）是地形表面形态属性信息的数字表达，是带有空间位置特征和地形属性特征的数字描述。数字地形模型中地形属性为高程时称为数字高程模型。DTM 的建立对传统的地理信息系统的二维数据结构是一个必要的补充。DEM 通常用地表规则网格单元构成的高程矩阵表示，广义的 DEM 还包括等高线、三角网等数字表示方式。DEM 是建立 DTM 的基础数据，其他地形要素可由 DEM 直接或间接导出，称为"派生数据"，如坡度、坡向。

（一）规则格网模型

规则格网模型（Grid）是最简单的地面表示模型，它用规则的网格来描绘地面上的采样点。三种基本的格网模型分别为矩（正方）形格网、三角形格网和六边形格网。这三种基本的格网模型只有矩（正方）形格网能够被递归地进行细分而不改变形状，另外矩形格网与数字高程模型 DEM 有着相同的结构，因此它是 DEM 最直接的表示形式。目前 DEM 已成为空间标准数据格式，矩形格网也成为三维地形可视化的主要模型之一，所以本章提到格网模型或 Grid 时，均指矩形格网。矩形格网的优点是结构简单、存储量小且利于各种分析计算。

对于每个格网的数值有两种不同的解释。第一种是格网栅格观点，认为该格网单元的数值是格网内所有点的高程值，即格网单元对应的地面面积内高程是均一的高度，这种数字高程模型是一个不连续的函数。第二种是点栅格观点，认为该网格单元的数值是网格中心点的高程或该网格单元的平均高程值，这样就需要用一种插值方法来计算每个点的高程。计算任何不是网格中心的数据点的高程值，使用周围 4 个中心点的高程值，采用距离加权平均方法进行计算，当然也可使用样条函数和伽辽金插值方法。

（二）等高线模型

用等高线模型表示高程，高程值的集合是已知的，每一条等高线对应一个已知的高程值。这样把一系列等高线集合和它们的高程值放在一起就构成了一种地面高程模型。等高线通常被存成一个有序的坐标点对序列，可以认为是一条带有高程值属性的简单多边形或多边形弧段。等高线通常用二维链表存储，另外还有用图来表示等高线的拓扑关系，将等高线之间的区域表示成图的节点，用边表示等高线本身，此方法满足等高线闭合或与边界闭合、等高线互不相交的两条拓扑约束，这类图可以改造成一种无圈的自由树。

（三）不规则三角网模型

不规则三角网（TriangulatedIrregularNetwork，TIN）是另外一种表示数字高程模型的方法，它既减少了规则格网方法带来的数据冗余，同时在计算（如坡度）效率方面又优于纯粹基于等高线的方法。

有许多种表达 TIN 拓扑结构的存储方式，简单记录方式是对于每一个三角形、边和节点都对应一个记录。三角形的记录包括三个指向它三个边的记录的指针；边的记录有四个指针字段，包括两个指向相邻三角形记录的指针和它的两个顶点的记录的指针；也可以直接对每个三角形记录其顶点和相邻三角形。

二、三维地形实时绘制技术

迄今为止，三维地形的可视化技术分为两种，一种是面绘制技术，另一种是体绘制技术。由于体绘制技术具有离散及计算和存储量大的缺点，加之对硬件的性能要求很高，所以目前地形的实时绘制主要采用面绘制技术。基于面绘制的三维地形建模技术研究得比较早，到目前为止基本上可以归纳为三类：基于真实地形数据的多边形模拟、分形地景仿真和曲面拟合地形仿真。

基于真实地形数据的多边形模拟是指利用对真实地形的采样点，通过插值、剖分等方法建立多边形集合，并用此多边形集合模拟地形表面。数字高程模型 DEM 便是典型的也是目前基于真实采样点的二维地表模型主要表示方法，是目前人们对三维地形实时显示算法进行研究的基础。

分形地景仿真是利用分形几何所具有的细节无限和统计自相似的典型特性，通过递归算法使复杂景物可用简单的规则来生成。它的优点是数据量小，缺点是算法的复杂度高，且没有与实际所需的真实地形、地貌相联系，因此在应用上受到限制。

曲面拟合地形仿真是根据控制点选择合适的曲面对地形进行拟合，其优点是保证了相邻面的斜率连续性，缺点是曲面方程及参数不易控制，且生成地形过于光滑，真实感较差。这种模型目前应用得还较少。

由于分形仿真与曲面拟合均有各种限制，而基于真实地形数据的建模由于能通过剖分方法生成连续的多边形网格，有利于计算机绘制，同时生成的地形也具有高度的真实感，所以它便成为人们描述三维地形的主要手段。

然而，即使多边形模拟具有线性近似的良好数学特性并与硬件固化了的绘图方式相辅相成，但是当地形数据量大时，多边形数量会急剧增加，模型就会变得复杂，即便是最高端的图形工作站也不能满足实时绘制的要求。怎样通过建立合适的模型和算法，在所期望的硬件性能和实现硬件水平之间搭起一座桥梁，是解决大规模三维地形实时显示重要且必然的途径，国内外的许多学者已将目光聚焦到这一领域。目前，对于大规模三维地形的实时绘制的研究主要集中在以下三个关键的技术：三维地形的简化技术、大规模地形数据的动态调度与地形 LOD 简化相结合的处理技术、地形数据的动态修改与应用技术。

三、三维地形动态生成与浏览

（一）三维地形飞行浏览漫游系统的功能设计

三维数字地形的生成、可视化和漫游技术有着广阔的应用前景，越来越受到人们的关注。近年来三维数字地形技术越来越广泛地运用于国土资源管理、地理信息系统（Geographic Information System，GIS）、环境仿真、数字城市等领域。本章借助于 OpenGL，结合数字高层模型（DEM），生动地实现了三维地形再现，并实现了三维数字地形飞行、可视化及漫游系统，利用该系统可对三维数字地形进行生成、可视化、漫游和飞行浏览等，还可对三维数字地形进行多角度观测和缩放。

（二）地形动态生成及显示技术研究

地形可以说是自然界最复杂的景物，因此三维真实感地形的绘制一直是国内外计算机图形学领域关注的热点，而三维地形的模拟也是开发飞行视景系统中最基本也是最重要的技术之一。在虚拟现实视景仿真系统中，地形的仿真通常利用两种地形，一是随机地形，二是读取真实的 DEM 地形。

1. 模拟地形

在地形可视化过程中对地形数据源并不是非常关心，若只需满足感官要求的情况下，可以采用模拟地形。这里采用随机生成高程的方法生成模拟地形。随机地形由算法生成，二维数组中记录着大量的地形数据信息（x，y，z），地形被离散成等间距的网格，网格的精度与要求的渲染精度有关。在程序中设定变量 comp，即网格的间距为 comp 米，comp 的值可变。为了使地形更加平滑，每个网格点（i，j）处的高度值是在地形数据标高 Z（i，j）的基础上进行二次线性插值获得的，然后再将网格中相邻的三个点为一组，把网格转换为三角面片，于是整个地形的模型就成为在 OpenGL 渲染中常用的三角片模型了。同时，颜色的设置直接影响着三维地形模型的立体感，每个网格点的颜色值是通过地形的高度差计算出来的，颜色值越黑的地方表示该处地形高度越低，反之颜色值越白的地方表示该处地形高度越高。所有网格点的颜色信息储存在一个二维数组中，其大小要与地形数据数组相一致。

随机高程数据生成的方法是，首先随机生成一些特征点的高程数据，然后在特征点之间采用曲线拟合的方法生成比较平滑的地形，最后根据高程数据进行颜色生成或直接映射外部纹理。

随机生成高程的示意代码如下：

```
for （x=position_ x-comp/2；x<position_ x+comp/2+0；x++）
for （y=position_ y-comp/2；y<position_ y+comp/2+0；y++）
{…
glColor3f （c［x］［y］.r，c［x］［y］.g，c［x］［y］.b）；//c［x］
［y］存储地形高度 z［x］［y］的颜色值
glTexCoord2f （-0.5f，-0.5f）；
glVertex3f （xl，yl，z［x］［y］）；//进行 OpenGL 的多边形纹理填充
```

}

2. 真实地形

真实地形是现实世界中地形的再现，具有非常高的真实度，必须采用真实世界中的具体数据来构造，这里利用真实的 DEM 数据来构造地形。

关于 DEM 地形的实现，首先读取文件头提供的参数信息，由此定义地形模型的位置、二维数组的大小和网格的间隔，然后调用 fscanf 函数采用遍历的方式读取文件中的地形数据，然后写入二维数组。至此这个二维数组就有了整个真实地形的数据了，接下来的工作就是将这些大量三角形面元组成地形的曲面、设置颜色、纹理贴图。

与 OpenGL 算法生成地形不同的是，首先读取真实的 DEM 数据，把 DEM 数据转换成 ASCII 码文件，再由 VC++6.0 从 ASCH 码文件中读取，然后借助于 OpenGL 函数进行三维可视化。以下是由 DEM 数据的 Grid 网格格式导出生成 ASCII 文件的部分内容。

文件头部分：

XCorner　　0

YCorner　　0

DX　　　　218

DY　　　　214

Cellsize　5.000

420.000 420.000 420.000 420.000 420.000 420.000

420.000 420.000 420.000 420.000 420.000 420.000

420.000 420.000 420.000 420.000 420.000 420.000

420.000 420.000 420.000 420.00 …… ……

其中，XCorner、YCorner 为左上角 X. Y 坐标值；DY 值为高程点的列，

DX 为高程点的行；Cellsize 为采样间隔；后面的数据为采样点的高程值。

3. 地形的实时绘制和动态显示

OpenGL 的几何要素有点、线、多边形。其中点的坐标是三维的，多边形是由多条线段封接而形成的区域，这些线段又是由其端点坐标定义的。由此可见，OpenGL 的基本几何对象都是围绕顶点来建立的，而对顶点来说最重要的信息是由 givertex 命令提供的坐标。值得注意的是，在 OpenGL 中几何对象顶点的坐标值、法线、纹理坐标和颜色等都必须包含在 glBegin 和 glEnd 函数对之间，否则就不会有任何绘制出现。在绘制过程中为了更加形象化地表现出三维地形，在地形的绘制中采取四种显示方法。它们分别是：地形的网格显示；地形的单色显示；地形的分层设色显示；地形的纹理显示。

地形的网格显示和单色显示相对简单，但显示效果并非十分真实。在分层设色显示中，主要是针对地形模型的高层数据值 Z 作为颜色（R，G，B）的参数除以一个固定值，用这种方法生成的地面颜色分明且光滑连续。对于模拟真实的数字地形往往是通过纹理映射的方法来实现的，在地形的纹理显示的方法中，预先定义纹理映射方法和纹理坐标，然后将 DEM 格网点坐标和相应的纹理坐标一一对应。

地形的绘制主要通过 OpenGL 的函数来实现，在 OpenGL 中使用三角形连续面片的绘制方法，通过循环语句可以绘制出连续的三角形面片，从而就可以绘制出真实的三维数字地形。另外还需要利用 OpenGL 的相关函数设置光照效果，在三维地形的绘制过程中可以加入环境光和漫反射等。

OpenGL 提供了变换函数，使用这些变换函数可以对三维地形模型进行任意的变换，使用起来很简单而且容易理解。例如 glTransIatef 函数可以对模型进行平移变换，glScalef 函数可对模型进行放大和缩小，glrotatef 函数可对模型进行旋转，gluLookat 函数可以设置观察点和目标点的位置等，同时由于地形数据模型的点的坐标是三维的，且可以对地形的高层值进行缩放。地形透视图形成后，可为应用程序加入鼠标和键盘的消息响应函数，并将视点、视角、模型旋转角度等设为变量作为消息响应函数中的控制参数，从而可以交互式地从不同角度观察三维地形。结合这些函数和 OpenGL 编程可以产生地形的各种各样的显示效果。

4. 地形的漫游和飞行浏览

三维地形的漫游就是对三维地形进行实时的浏览，这种"实时"需要在场景中进行实时的人机交互，也就是说，可以利用人机交互设备不受限制地控制漫游方向和角度。实现虚拟漫游的关键就在于坐标变换技术，漫游的每一个动作都是当前坐标矩阵与平移或旋转矩阵相乘的结果。可以用以下 5 个过程来描绘地形的实时漫游：①更新观察者的位置 (x, y, z)；②绕 y 轴旋转 Angle 度；③在 z 轴上平移 Distance；④在 y 轴上平移 Height；⑤绕 x 轴旋转 LookAngle 度。注意以上 5 个过程的次序不能颠倒，其中 x、y、z、Angle、Distance、Height、LookAngle 为变量。

由于在三维地形的数据模型中，地形不是等高的，所以在漫游过程中把地形的高度值和观测者的位置进行关联，可以使漫游的过程中有起伏感。

在三维数字地形漫游系统中，用户不但可以用键盘和鼠标进行交互式飞行浏览，而且还可以通过预先定义的路线来实现自动导航浏览，即通过导航点坐标的位置和数目来设定导航路线。系统根据样条曲线对飞行路径进行样条曲线插值，还可以通过键盘和鼠标设置飞行浏览过程的视野大小、高度的升降、飞行的速度等参数来控制飞行的自动导航系统，这样使飞行的路径更加平稳。

第二节　三维数字地形的动态修改技术

地形绘制后，除了浏览查询，为了满足一定仿真需要（如导弹击中地面目标后地形凹陷尺寸及效果等），还需要对地形进行动态修改。

本节所考虑的三维数字地形的地形数据模型是采用数字高程模型（DEM）表示的。数字高程模型 DEM 主要有三种表示模型：规则格网模型、等高线模型和不规则三角网模型（TIN），但这三种不同数据结构的 DEM 表征方式在数据存储以及空间关系等方面则各有优劣，其比较见表 7-1。

表 7-1　不同数据结构数字高程模型的比较

比较项	等高线	规则格网	不规则三角网
存储空间	很小（相对坐标）	依赖格距大小	大（绝对坐标）
数据来源	地形图数字化	原始数据插值	离散点构网
拓扑关系	不好	好	很好
任意点内插效果	不直接且内插时间长	直接且内插时间短	直接且内插时间短
适合地形	简单、平缓变换	简单、平缓变换	任意、复杂地形

从表 7-1 可以看出，由于 TIN 在存储空间的要求上相对较高，而等高线模型又不适合模拟比较复杂的地形，因此在可视化研究过程中将使用规则格网数据模型。在规则格网中记录着地形模型的左下角 x 坐标、左下角 y 坐标、地形模型 x 轴方向网格数、y 轴方向网格数、模型网格的间隔值和每个坐标点的高层值。

下面从修改单点及多个点出发到区域修改及整体修改，对三维数字地形进行动态修改，我们对三维数字地形动态修改的基本思想是基于高程值的修改。

一、三维数字地形的点修改

由前面地形生成的过程可知，地形初始化时把高程数据存放在二维数组 z 中。所以对地形修改，就是要修改二维数组 z 中高程数据。用鼠标选取要修改的点，得到需要修改点的索引 index，通过 index/（DX-1）得到列号，用 index—n（DX-1）得到行号，然后在弹出的对话框中输入修改后的高程值，修改值送回地形数据的二维数组中，重新渲染绘制地形后即可实现单点修改。

如果要同时修改多个点，可依次选择多个点（1~4 个点），若选择相邻几个点，就可实现三角形或者四边形的修改。

二、三维数字地形的区域修改

区域地形修改是在点修改的基础上，采取一次性修改一片点的方法，达到修改成块地形的目的。这里采用选择一个参考点，然后修改周围所有点，最终实现区域地形的修改。区域地形的修改一般需要两个主要步骤：

（1）数学建模，将要实现的地形形态规律用数学公式进行描述；

（2）程序实现，将数学模型用编程语言实现。

下面以挖坑式区域修改、筑渠式区域修改为例来论述区域地形的修改。

（一）挖坑式区域修改

1. 数学建模

定义地坑坑口平面的圆心为中心点，坐标是（m，n）。在坑口所在平面

上 $m - \sqrt{c/a} < i < m + \sqrt{c/a}$，$n - \sqrt{c/a} < j < n + \sqrt{c/a}$ 的区间内，按照行和列分别等间隔取点，所取点的坐标为 (i_1, j_1)，(i_1, j_2)，…，$(i_1, j_1)(i_1, j_2)$…，(i_2, j_l)，…(i_l, j_l)，l 为任意整数。

接下来对地形的固态挖坑修改，这里采用简单的抛物线方法来模拟，抛物线的最低点为坑底，鼠标选择的参考点为坑的最低点，所以在三维地形上动态挖出坑式地形的抛物线方程如下：

$$f(x) = ax^2 - c$$

其中，$a > 0$ 是自定义可变量，是可控的；c 为地坑的深度；变量 x 为格网各点到中心（选定点）的距离。通过坑口半径 $r = \sqrt{c/a}$ 向控制地坑口的大小。

$$x_{1.1} = \sqrt{(n - j_1) * (n - j_1) + (m - i_1) * (m - i_1)}$$

$$x_{1.2} = \sqrt{(n - j_2) * (n - j_2) + (m - i_1) * (m - i_1)}, \cdots$$

$$x_{l.l} = \sqrt{(n - j_l) * (n - j_l) + (m - i_l) * (m - i_l)}$$

若 $x \geq r$，则它的高程值不变，仍为 0。若 $x < r$，根据 $f(x) = ax^2 - c$ 计算坑口区域内每一点对应的高程值，最后得到坑口所在平面上每一点的高程值为 $z_{1.1}$，$z_{1.2}$，…，$z_{l.l}$。

2. 算法的程序实现

利用上述抛物线方程，将原始地形平面上坑口所在平面内每一点的高程值根据步骤 1 中得到坑口所在平面内每一点的高程值修改为 $z_{1.1}$，$z_{1.2}$，…，$z_{l.l}$，将修改后的高程值存入数据库中，利用 OpenGL 实现挖坑式的三维效果图。

用于挖坑式的抛物线算法程序实现的示意代码如下：

```
void CTerrain：：DigPit（intindex，floata）
{GLintm，n，c；
```

n=int（index/（DX-1））;

m=index—（DX-1）＊n;

c=（maxH+minH）/2;

floatDist，value;

for（intj=0；j<DY；j++）

for（inti=0；i<DX；i++）

{//计算 x^2

dist=（n-j）＊（n-j）+（m-i）＊（m—i）;

z［j］［i］=（a＊Dist+edit—c）/max;

}．}

以一个具体的要仿真的地坑为例，已知地坑平面的中心点为（80，80），坑门半径 r=10，地坑深度 c-10。

（二）挖渠式区域修改

1. 数学建模

通常而言，渠的截面是一个等腰梯形，如果已知渠面上下的宽度和高度及渠的长度或者走向，就可以用分段函数来模拟挖渠式效果，并达到在三维地形上挖渠的区域地形修改效果。这里用一个分段的梯形函数来对三维挖渠式处理进行建模，给出用于在三维地形上动态挖出渠状效果的分段函数。

$$f(x) = \begin{cases} 2h/[(w_1 - w_2)(x - w_2/2)] \\ 0 \\ -2h/[(w_1 - w_2)(x + w_2/2)] \end{cases}$$

2. 程序实现

利用上述算法，下面给出三维地形的挖渠式算法的编程示意代码：

voidCTerrain：：DigChannel（int index，int widthl，int width2，int length，float height）

{……

//归一化高度，计算斜率

H=（height+（maxH+minH）/2）/max

floatslope=2*H/（widthl−width2）；

//渠底

for（i=m—width2/2；iV=m+width2/2；i++）

for（j=n—length/2；jV=n−length/2；j++）

z［j］［i］=z［n］［m］−H；

//渠壁

for（i=m+width2/2；i<=m+widthl/2；i++）

for（j=n—length/2；j<C=n—length/2；j++）

z［j］［i］=z［n］［m］+slope*（i—（m+width2/2））；

for（i=m−width2/2；i>=m—widthl/2；i）

for（j=n—length/2；j<=n−length/2；j++）

z［j］［i］=z［n］［m］—slope*（i—（m−width2/2））；

……}

同样利用 OpenGL 就可以实现挖渠式的三维效果图。

同理和前面所论述的挖坑式和挖渠式区域修改一样，还可以在三维地形的实时显示过程中进行挖井式或对地形进行实时整体修改。挖井式需要给定井的圆心位置以及井的半径和井深，利用 OpenGL 进行三维绘制即可获得井

状效果；对于三维地形的整体修改采用将地形的高程值按照一定的比例关系
成比例放大或缩小一个比例系数，这样就可在实时调度及显示时对地形进行
成比例放大或缩小。

第八章　虚拟视景仿真系统中的
碰撞检测技术

　　虚拟现实系统中动态物体与静态物体之间、动态物体与动态物体之间的交互基础是碰撞检测，碰撞检测是用于判定一对或多对物体在给定时间域内的同一时刻是否占有相同区域的有效方法。碰撞检测是机器人运动规划、计算机仿真、虚拟现实、游戏等领域不可回避的问题之一，如在机器人研究中，机器人与障碍物间的碰撞检测是机器人运动规划和避免碰撞的基础；在计算机仿真和游戏中，对象物体必须能够针对碰撞检测的结果如实做出合理的响应，反映出真实动态效果等。所谓碰撞检测，铁屋（Tetsuya）、敏明（Toshiaki）和马克西奥（Maxio）等人提出了一种称为空间占有的方法，即物体在目标空间中移动，当试图占有相同的球体时，来检测它们的碰撞，这一算法的本质思想，是指任何时刻、任何物体所占据的有限空间之间，不能发生重叠的现象。例如，人在虚拟街道中漫游时，不应当能"穿墙而过"，这样的虚拟环境中才会让人感到自然和真实。

第一节　碰撞检测理论

一、碰撞检测原理

虚拟环境中的几何模型都是由成千上万的基本几何元素（通常为多边形面片）构成的．具有比较高的几何复杂性。精确的碰撞检测对提高虚拟环境的真实性，增强虚拟环境的沉浸感有着至关重要的作用。碰撞检测问题按运动物体所处的空间可分为二维平面碰撞检测和三维空间碰撞检测，由于平面物体的构造都可用多边形来表示，故其检测算法相对要简单一些；而三维物体的构造比较复杂，所以三维物体的碰撞检测算法也比较复杂。

简单地讲，碰撞检测就是检测虚拟场景中不同对象间是否发生了碰撞，从几何上讲，碰撞检测表现为两个多面体检测和三维空间碰撞检测，平面碰撞检测相对简单一些，已经有较为成熟的检测算法，而三维空间碰撞检测则要复杂得多。在 VR 系统中，主要是如何解决碰撞检测的实时性和精确性的矛盾，不同的应用场合，对实时性和精确性的要求不尽相同，由于碰撞检测问题在虚拟现实、计算机辅助设计与制造、机器人等领域有着广泛的应用，甚至成为关键技术，人们已经从不同的角度对碰撞检测问题进行了广泛的研究。

二、碰撞检测算法

（一）碰撞检测基本算法

虚拟现实技术研究人员在碰撞检测领域中做了相当多的工作，提出了一些较成熟的算法，并开发了相应的软件包。研究者根据不同的研究对象，采用了不同的研究方法并提出多种多样的碰撞检测算法，从总体上可分为两大类：

1. 静态干涉检测算法

主要用于检测静止状态中各物体之间是否发生干涉的算法，如机械零件装配过程中的干涉检查等。这类算法对实时性要求不高，但对精度要求较高。

2. 动态碰撞检测算法

该算法针对的是场景中物体的相对位置不断随时间变化的情况，如机械零件的加工过程以及机械系统的运动仿真等。动态碰撞检测算法又分为离散碰撞检测算法和连续碰撞检测算法。

从本质上来说，离散碰撞检测算法在每一时间离散点上可以通过类似于静态干涉检测算法的方法来实现，但它更注重算法效率。虽然这类算法自身还存在一些问题，如检测中的"刺穿"和"遗漏"现象等，但由于其检测过程的实时性能较好地迎合大多数应用的需求，目前仍是碰撞检测算法研究的重点和热点。此外，通过采用自适应步长技术等可以在一定程度上减少离散碰撞检测算法的不足。

连续碰撞检测算法的研究一般涉及四维时空问题或结构空间精确的建模。这类算法能较好地解决离散碰撞检测算法存在的问题，但通常计算速度较慢，需要做进一步的研究才能适用于大规模场景中的实时碰撞检测。

目前，大部分实时性好的碰撞检测算法都属于离散碰撞检测算法。纵观这些算法，大致可分为基于图形和基于图像的碰撞检测算法。这两类算法的主要区别在于是利用物体三维几何特性进行求交计算，还是利用物体二维投影的图像及深度信息来进行相交分析。其中在基于图形的碰撞检测上，研究人员已经做了大量的工作，形成了层次包围盒法和空间分割法等成熟算法。基于图像的碰撞检测算法能有效利用图形硬件的绘制加速功能来提高碰撞检测算法的效率，特别是近几年图形硬件技术的飞速发展，图形硬件在性能不断提高的同时还具备了可编程的功能，使得基于图像的碰撞检测算法进入了一个新的发展阶段。

（二）基于包围盒的碰撞检测算法

按照是否考虑时间参数，基于物体空间的碰撞检测又可分为连续碰撞检测和离散碰撞检测。它们的主要区别是利用场景中物体的三维几何关系进行求交运算还是利用场景物体在屏幕上的二维投影和深度信息来进行相交分析。基于图形的实时碰撞检测算法主要分为包围盒法和空间分割法两类，这两类算法都使用了层次结构模型，其目标都是尽可能地减少需进行相交测试的几何对象的数目以提高算法的实时性。空间分割法由于存储量大、灵活性差，适用于稀疏环境中分布比较均匀的几何对象间的碰撞检测；层次包围盒方法的应用更为广泛，适用于复杂环境中的碰撞检测。下面重点介绍包围盒的基本概念及几种常用的基于包围盒的碰撞检测算法。

1. 包围盒的基本概念

包围盒技术是在 1976 年由克拉克（Clark）提出的，基本思想是用一个简单的几何形体（即包围盒）将虚拟场景中复杂的几何物体围住，通过构造树状层次结构可以越来越逼近真实的物体。当对两个物体碰撞检测时，首先判断两者的包围盒是否相交，若不相交，则说明两个物体未相交，否则再进一步对两个物体做检测。因为包围盒的求交算法比物体求交算法要简单得多，所以可以快速排除很多不相交的物体，从而大大加快和简化了碰撞检测算法。1999 年美国人 S. 苏芮（S. SURI）从理论上证明了基于包围盒的方法在碰撞检测中的有效性。他证明了使用包围盒方法后检测虚拟场景里 n 个几何物体时间复杂度由 O（n^2）降到了 O（$n^{\log_n^{d-1}}+K_b$），其中 d 是维数，K_b 是相交的几何物体数。

包围盒虽然是虚拟出来的实体，但必须是有效的正则实体。一个有效的正则实体必须是形状与位置和方向无关的刚性实体；必须外部封闭内部连同，没有悬边和悬点；必须维数一定，占有有限的空间；有明显的边界，能区分出内部区域和外部区域，除此之外简单性和紧密性是衡量包围盒优劣的两个标准，就简单性而言包围盒的几何特性应该比被包围的物体简单，尽量较少用存储空间，而且对于此类包围之间的求交运算算法的复杂性也应该相对容易，包围盒的紧密性决定包围体逼近物体的程度，包围盒包围物体越紧密，越能减少需求交运算的概率。紧密性可以用包围盒与物体之间的 Hausdorff 距离来衡量。

2. 轴向包围盒检测算法

沿坐标轴的轴向包围盒 AABB，包含几何对象且各边平行于坐标轴的最小六面体，构造时根据物体的形状和状态取得坐标 x、y、z 轴方向上的最大最小值就能确定包围盒最高和最低的边界点。利用以上方法只需 6 次比较运算就可以完成 AABB 树一个节点的更新，其效率远远高于重新构造 AABB 包围盒树。

基于 AABB 包围盒的碰撞检测层次包围盒方法是利用体积略大而形状简单的包围盒把复杂的几何对象包裹起来，在进行碰撞检测时首先进行包围盒之间的相交测试；如果包围盒相交，再进行几何对象之间精确的碰撞检测，显然包围盒法对于判断两个几何对象不相交是十分有效的，包围盒相交，并不意味着两个几何对象一定相交，所以包围盒的选择还应该满足简单性和紧密性的要求。

3. 基于包围球的碰撞检测

包围球定义为包含物体的最小的球体。包围球的球心可以用物体顶点坐标的最大值和最小值的一半来确定。与 AABB 包围盒类似，包围球的构造也十分简单，而且存储一个包围球所占的内存也很小，包围球更适合于物体频繁发生旋转的情况，因为无论物体如何旋转包围球都不需要更新。但是包围球的紧密性也很差，尤其是对于狭长的物体，甚至要比 AABB 包围盒留下更多的空隙，除了物体大量旋转的情况之外，一般选择 AABB 包围盒来替代包围球。

4. 方向包围盒（OBB）检测算法

一个物体的 OBB 被定义为包含该对象且相对于坐标轴方向任意的正六面体。与 AABB 树相比，OBB 树的最大特点是其方向的任意性，这使得它可以根据被包裹对象的形状特点尽可能紧密地包裹对象。

5. k 离散定向多面体（k-DOP）检测算法

k-DOP 的概念最早由 Kay 和 Kajiya 提出，他们在分析了以往采用的层次包围盒进行光线跟踪计算的缺点后，提出了一个高效的场景层次结构应满足的条件。综合起来就是各层次包围盒都应尽可能紧密地包裹其中所含的景物。作为叶节点，景物自身即是最紧的包围盒，但由于包围盒的选取还要求光线与包围盒的求交测试比较简单，因此应选取形状比较简单的球体、圆柱体、长方体等作为包围盒。但这些简单的包围盒具有包裹景物不紧的缺点，Kay 和 Kajiya 提出了根据景物的实际形状选取若干组不同方向的平行平面对包裹一个景物或一组景物的层次包围盒技术，把这些平行平面对组成一个凸体，称之为平行 2K 面体。

第二节　物体与地形及目标的碰撞检测技术

随着科学仿真技术的发展，人们利用虚拟可视化仿真技术来模拟各种各样的战场并在军事上得到了广泛的应用，为使构建的虚拟环境尽可能地完善逼真，就必须要研究虚拟环境中的物体的匹配与碰撞检测问题。碰撞检测就是检测虚拟场景中不同对象之间是否发生了碰撞，如坦克与地形的匹配算法、导弹与地形及导弹与坦克的碰撞检测等。本节关于地形、导弹与坦克的各种碰撞检测的研究背景是某步兵坦克导弹的训练器中的地形匹配与碰撞检测问题。精确的碰撞检测对提高仿真的真实性和可信性，增强虚拟环境的沉浸感有着至关重要的作用。

一、坦克与地形的匹配

为保证坦克车不出现"上天入地"的现象，要确保坦克车贴着地面行驶，这就需要使坦克车和地形相对匹配。在调整坦克的高度与地形匹配的同时，还要调整坦克的姿态与之匹配。根据当前的坦克位置，得到该地形的三角形的顶点，然后可以由这三点通过向量点积的办法得到垂直于坦克的法向量 vector、tank。根据坦克的法向量在 y 轴上的投影跟它的关系来计算坦克的仰角。

二、简化复杂结构体的包围盒改进算法

为了提高碰撞检测效率，在某步兵反坦克导弹的模拟训练系统实际的仿真过程中，面对工程问题对基于 AABB 包围盒的碰撞检测方法进行了改进。提出了利用导弹的包围盒和地形的三角面进行碰撞检测的方法，该算法通过简化复杂结构体的方法进行了导弹与地形间的碰撞检测，保证了在不影响效

果的情况下，提高碰撞检测效率，增强系统的实时性。

导弹与地形的碰撞检测包括两方面内容，一是导弹在未击中目标时与地形发生的碰撞检测，二是导弹在飞行过程中可能受山地高度的影响而发生的碰撞检测。

在每个仿真步长内，如果从导弹前端中心点 missile. pos 沿导弹速度方向作射线，根据点 missile. pos 到地形表面的距离来计算导弹是否与地形发生碰撞。此方法计算量大，但精度相对较高。

对于导弹可以建立一个"包围盒"，也就是包含导弹实体外轮廓的最小长方形。在飞行过程中，利用导弹的包围盒和地形的三角面进行碰撞检测。此方法计算量较少，但是精度也不是很高。

三、基于最小距离法的包围盒改进算法

在虚拟战场仿真环境中，物体的运动是离散的，也就是说，物体运动的本质是从一个位置变换到另一个位置。在一次仿真循环中，物体变换一次位置。

我们所感觉到运动是连续的是因为物体变换位置的时间间隔相对于人眼的反应时间来说很短。碰撞检测也是在一次仿真中完成一次。在两次仿真循环中，有时会出现由于运动物体位置变化太大，也就是运动物体的运动速度很高，可能会在其运动路径上与另一物体发生穿透现象。由于碰撞检测是在两个仿真循环之间进行的，它和物体的每次变换位置有关，导致穿透现象检测不到。为此，需要为运动物体创建一个速度包围盒。速度包围盒是在层次包围盒的外面再创建一个紧密包围运动物体两次位置之间的方向包围盒。

如在某步兵坦克导弹的训练器中，为了真实地表现导弹与坦克车的对抗过程中的各种碰撞及爆炸效果，需对导弹和坦克进行实时的碰撞检测。若只

考虑导弹中心点和坦克的中心点的位置的变化来进行碰撞检测的话，由于导弹的速度较高，这样检测容易出现上述所说的穿透现象，导致其结果的精度不是很高，从而可能会出现错误的检测结果。

在某步兵坦克导弹的训练器的仿真过程中，由于导弹的速度和坦克速度及在仿真过程中仿真步长的变化，极有可能引起导弹在 t 时刻未发生碰撞，而 t+1 时刻导弹已经穿过坦克的主体，这就是上面所说的存在穿越问题。对于这个问题，为了提高碰撞检测效率，面对工程问题我们提出了计算导弹和坦克车的最小距离法，即在，小于仿真步长的范围内，利用测试导弹和坦克车的最短距离，也就是说当速度包围盒最小时，就认为导弹和坦克车发生碰撞。这样就可以较好地解决仿真过程中存在的"穿越"问题。

参考文献

[1] 马登武,叶文,李瑛.基于包围盒的碰撞检测算法综述[J].系统仿真学报,2006(4):1058-1064.

[2] 陈蕾.粒子系统理论及其在飞行模拟器实时视景仿真中的应用研究[D].长春:吉林大学,2005.

[3] 高颖,钟啸,许志国,等.基于 VR 技术的航空发动机虚拟教学实验系统设计[J].系统仿真学报,2008,20(11):2925-2930.

[4] 高颖,金岩通,杨永强,等.虚拟视景系统中粒子系统的接口设计与实现[J].系统仿真学报,2006(2):384-386.

[5] 高颖,郑涛,邵亚楠,等.可视化粒子编辑系统的设计与实现[J].系统仿真学报,2007,19(13):2976-2978.

[6] 黄罗军.虚拟视景系统中的关键技术研究[D].西安:西北工业大学,2007.

[7] 高颖,黄罗军,许志国,等.飞行模拟用三维数字地形动态修改技术研究[J].西北工业大学学报,2006,24(6):721-725.

[8] 邹益胜,丁国富,许明恒,等.实时碰撞检测算法综述[J].计算机应用研究,2008,25:8-12.

[9] 高颖,黄罗军,许志国,等.导弹模拟训练系统中的碰撞检测技术研究[J].弹箭与制导学报,2007,27(1):211-213.